U0037341

如何成為真正的菁英
成功之法
The Laws of Success
成功的前提是要有一顆喜悅的靈魂
成功的最後一個條件，在於提起勇氣、敢於行動。
大川隆法
Ryuho Okawa

前言

繼「法系列」的第八卷《幸福之法》之後，此次問世的是第九卷《成功之法》。除了此書內容有連貫性外，至今我沒看過有任何一書有像此書一樣，將成功理論進行了如此精湛的歸納，因此我才會想要把此書納入《法系列》。（第十卷暫定為《神秘之法》。編注：中文版已於二〇一一年由華滋出版。）

本書的原著《現代成功哲學——商界菁英的聖經》，於西元一九八八年，也是本人三十二歲時，由土屋書店發行。那時，「幸福科學」成立剛滿兩年，也正是我聲名大噪之際。轉眼間，十六年（編注：時值二〇〇四年）歲月已經逝去！回顧本書，其內容非但沒有隨時間的流逝變得陳腐，反倒是更顯現出其普遍性及光輝。十六年前，本書已經預言了我今日的成功，也證明了《成功之法》絕不是紙上空談，而是擁有真憑實據。就像本書所論述的方法一樣，「幸福科學」將繼續發展，成為世界第一的宗教。

本書以相當大膽的筆法，陳述了個人以及組織的成功法則。二、三十歲的年輕人讀通過此書後，勢必將獲得不小的成功；四、五十歲的中年人通讀此書後，恐怕會覺得相見恨晚。不過，後半輩子還有很多機會。特別是身為主管或老闆的人，又或是一家之主，亦或是帶孩子的母親，切不可氣餒，現在急起直追絕對還來得及。

我在三十二歲的年紀，寫下了這本「經典」。爾後，又伴隨著「經典」不斷在成長，這是最讓人深以為豪的地方。

整部作品皆充滿著一種年輕天才的自信之情。如今已經四十八歲（編注：二〇〇四年時）的我，若能有幸邂逅此書的作者（當年三十二歲），確實不難想像，會有某種畏懼與感動！若各位讀者能反覆閱讀此書，在下實感十分榮幸。

幸福科學總裁
大川隆法

目錄

第三章　成功的秘訣

第四章　商業成功法則

第五章　經濟繁榮之道

第八章　現代成功哲學

第一章　何謂成功

第一章　何謂成功

1．富有魅力的人生

每一個人都曾思考過自己的人生吧！不過，即使對人生花了許多心思去想，但未必能得出滿意的答案。甚至有些人越是思考，反而越走不出自己假設的迷宮。究其原因，那就是所謂的「人生」。

思考時的重點不在「人生」這兩個字本身，而在於自己想在「人生」這兩個字前面加上什麼形容詞。各位加上了怎麼樣的形容詞，就會造就出怎麼樣的人生。

譬如，如果自己的潛意識想要用「不幸的」來修飾人生的話，那就意味著將會在人生中途上黯淡的色調；但若用「幸福的」來形容的話，便會預見人生中將會出現如玫瑰般璀璨的圖景。

我想為人生冠上富有「魅力的」形容詞，因為追求富有魅力人生的同時，就能使人生連結上成功。

許多有關成功理論的書籍，大都將「魅力」定義為「令人感到羨慕」。到底什麼才算真正富有魅力呢？我曾對此做過深入的思考。

所謂魅力，絕非只是「喚起別人的好奇心，令人感到羨慕」，它還具有更重要的涵義。

我認為，「富有魅力的人生」應包括以下三個準則。

第一，即「自己獨立自主的人生」。在自己幾十年的生涯中，是否有靠自己努力創造出來的部分？是否是屬於自己的人生？若對此回答「否」的話，即無魅力可言。

第二，即「感受人生是快樂的，人生旅程中具有值得欣喜的部分」。換言之，即「人生是否活得有價值？幸福感是否遍佈於一生之中？」這層涵義至關重要。要想使人生富有魅力，就務必要活得有價值、有意義，在人生中充滿幸福感。

第三，即「於今生增添了某些創新的元素」。

許多人常抱持著一種局限性的想法，認為「人生是有限的，只此一次，無法重新來過」，但我不這麼認為。人生正如古今中外的許多宗教家、哲學家所指出的那樣：「人類擁有永恆的生命，並幾曾輪迴轉生。」

我並不想強迫人們接受這種看法，不過，如果從衡量利益得失的角度來看，持有此觀點是很划算的，這樣能夠幫助人們創造一個獲益的人生。

為何會以為「人生只是短短數十載」呢？為何會將此視為理所當然呢？為何會認為那是美好的呢？久而久之，或許這種看法便被人們認為是天經地義的事，也會認為這是科學的想法。可我，卻始終無法參透其中的道理。

相信人具有永恆的生命，才有機會擁抱一個有魅力的人生。秉持這個信念，才能使人生有價值；確信這個觀念，也才能經營一個創造眾人幸福的人生。

從「永恆的生命」這個觀點出發，願自己在今生今世有所創新，透過累積經驗，進而發明創造，這樣的想法是非常珍貴的。

生在這個新時代，有所創意和發現才能體現出生存在這個時代的意義。耳目一新的創意發明與其附加價值，永遠是時代進步必不可少的元素。

2・爽朗之人

擁有魅力人生的人，也許並不少。但在這些人中，真正會讓人「羨慕」的恐怕是少之又少。要問什麼樣的人會惹人生羨？答案就是：爽朗度過魅力人生的人。實際上，很多人都擁有魅力人生。然而，可謂爽朗的人卻屈指可數。

那麼，究竟是什麼樣的人才能稱得上「爽朗之人」？我們要如何去讓他人感受到這種爽朗之情？又為什麼說爽朗的態度，會讓人生變得美好呢？針對這一連串的疑問，我想列出以下兩種解釋。

首先，爽朗就是「身心安定，平靜生活」的意思，而「身心安定，平靜生活」本身，就是非常珍貴的。

什麼時候人會感覺到身心痛苦呢？即心智動搖、沉浮不定之時，最讓人難受。此時，若能跨越「萬里波濤」、保持如湖面般平靜的爽朗之心，那麼，各位就能品嘗到幸福的滋味。

因此發現到了「平靜心」重要性所在，即價值所在。

此外，「爽朗」還有包含一個重點，即「不可傷害他人」。一個爽朗的人，絕不會去傷害別人。

世上有許多以害人求私利的人，單從這個觀點來看，持有爽朗之人的人越多，世界也就會變得更美好。我深深地感到，這是創造和諧社會的方法。

那麼，為什麼爽朗之人可以做到不傷害別人呢？原因之一，就是沒有牽絆。

譬如，在生活中與不同的人交流，會發現每個人都有各自不同的看法。每個人的想法，都未必能被對方完全接受。當人與人之間產生了意見衝突和摩擦時，清爽的人會以智慧來化解，盡量大事化小、小事化無，不會耿耿於懷。

此時，我切身感覺到：「正是源於這份爽朗，人和人之間的交往才能夠變得越融洽。」

爽朗之人，通常都擁有良好的心態，即「懷著感恩之心度過每一天」。人生再漫長，也是由每天累積而成。所以，為了要能夠爽朗地度過一生，就必須珍惜眼前的每一天。堅持「今日事，今日畢」，絕不把今天的事情拖到明天。如此爽朗的生活態度，是何等重要啊！

如果總為昨天、前天、大前天，甚至是半年前、一年前的陳年舊事所困擾，那還怎麼能爽朗得起來？

因此，「如何在人生的道路上乘風破浪？如何用爽朗的生活態度跨越萬里波濤？」可以說是所有人面臨的共同課題。

3．愛人之心

在討論有關成功的話題時，我認為「各位必須要將『愛人之心』納入到成功哲學中去」。

在眾多關於成功的演講、成功學的著作中，極少有人談到「愛」。但我卻認為：「缺乏愛的成功，實在是太淺薄了。對一個人成功與否的判定，很大程度上都取決其是否持有『愛人之心』。」

我不認為只要達到了「賺大錢」、「當大老闆」或「變得有權有勢」等，就意味著一個人成功了。想要達到「真正的成功」，除了於外界的成長是必要的之外，更重要的是在心靈深處，愛人之心是否在持續地燃燒。

若沒有愛的內涵，則無真正的成功。缺少愛心的人，無疑不懂得「增進人類幸福」和「幫助他人幸福」之意義何在。

試想如果不為他人造福，自己的幸福又要從何而來呢？成功並非突然從天而降，如果自認為已經成功並沉醉於其中，但卻給他人帶來悲傷的話，這個成功還有任何意義嗎？能夠得意的將之視為自己的成果嗎？

我認為，擁有愛人之心是非常重要的。我希望人們努力，時刻懷有「愛人之心」，並進而使之成為一股感化力去教化眾人；那將是一件多麼美妙的事啊！

那麼，究竟何謂「愛人之心」呢？又該如何表達呢？在此我列舉三個重要的心得。

首先就是：「對於他人懷有無限的關愛之心」。

成功者都有一個共同的特點，那就是「無時無刻不在關懷著別人」。換句話說，「一個不知人間疾苦的人，內心中沒有真愛」。要使自己心懷真愛，就必須付出對他人的無限關懷。

其次是：「洞察自己的真心」。如果不深入探究自己的內心深處，不從自己心中挖掘出真正的寶藏的話，就不能理解何謂真愛。在反躬自省的同時，若不能發現真愛、真我的話，也就說明此人根本不懂何謂愛人之心。由此可見，發現真我很重要，也是美好的事。面對真實的自我，也才能懂得什麼是真愛。

明確地說，不能從自己內心深處發現美好本質的人，也難以發現他人內心深處所具有的同樣本質。如果能發現自己心中所有的優點，再以關懷體貼的眼光去觀察他人時，才會形成愛人之心，看見他人的亮點。

第三點是：「記得時時刻刻擴大己愛」，也就是在愛當中要抱持著發展的心念。

不要因自己的小善小愛得意，就自認為實現了愛人之心，因為真正的愛是永無止盡的。人應該不斷追求更優秀的自己，另外還要與他人相處得更為和諧愉快。

在構築起良好的人際關係之上，多去發現人們美好的一面，並堅持培育有能力的後輩。如此實踐，這個愛人之心將會生生不息的發展，永無止盡。

4．感受永恆

在前三節，我們說到「有魅力的、爽朗之人，若時常懷抱愛人之心，那便離『成功』不遠了。」

在此，我想換個角度重新審視成功的內涵。

在我看來，談論成功時還有一個無法割捨的觀點，那就是「感受永恆」。無論做了什麼工作，無論達成了怎樣的自我實現，無論如何堅固的人脈關係，如果尚未瞥見、感受到「永恆」的瞬間，那就表示你尚處於幼子起步的階段。

「真正的成功」不能捨去「永恆」之觀點。工作上的成功與否也是如此，取決於「你是否感到到永恆、永遠的感覺」？如果少了「永恆」二字的支撐，即使投注了再多的熱情去完成工作，其結果也只會是膚淺的成功。

此外，當人感受到幸福感的時刻，也可視為是一種成功。不過，如果無法維持「永恆」的喜悅，就說明自己的成功觀尚且幼嫩。「感受永恆」並非易事，因為這並非單靠努力就能獲得。

永恆之感好似曇花一現，它是在孜孜不倦的努力過程中，於瞬間的一瞥。唯有朝著自己確定的方向不懈地努力，才有可能在瞬間把握到永恆的感覺。

那麼，「永恆」究竟是什麼呢？我發現「永恆」的感覺和「佛」這個字的意涵很接近。

人，從遙遠的彼岸而來，又將歸向遙遠的彼岸。人生活在永恆世界的同時，卻又被局限於世間去完成其生命。人生，常存在著會有悲壯與虛無之感。

這種情況下，人類該追尋什麼呢？

人處於紅塵中，難以實際感受到「永生」，也難以將什麼「永世留存」。「永恆」的概念與「不死」相當接近。

不死，是人類自古以來一直苦苦追求的境界。為此，他們曾投入了大量心血；可以說，永生不死的願望是人類最根本的思想之一。

而這種不死的願望，有時是借助宏偉的建築來表現，有時是透過卓越的藝術來呈現，還有時是透過學問的形式來傳達。

這種願望也是源於人類不甘於只擁有短暫的數十年生命，總期盼著能衝破這有限的拘束到達更遙遠的世界。

盼望「永恆」卻又總是力不從心的人，始終在努力追求不死的精神。

此外，從公司的發展中，同樣能看到「人對不死精神的追求」。雖然不企盼公司永世不倒，但很多人都在祈禱公司能長盛不衰吧？在他們看來，那便意味著「企業的發展」。

總之，作為「永遠」的替代詞，人始終在追求不死的精神。

即便如此，對人們來說，在追求成功時，去感受永恆和挑戰永恆是至關重要的。因為它存在於遠離紅塵的世界，它存在於人們無法觸摸到的世界，所以才具有無限的價值，而且是一種無法取代的價值。

用一句話總結：「當感受到永恆之時，便離成功不遠了！」

5．何謂成功

在此，我想探討「什麼是真正的成功」之理論。

首先，我為成功做出如下定義：

成功是永恆的進步；

成功是永恆的發展；

成功是永恆的熱情；

成功是永恆的勇氣；

成功是永恆的努力；

成功是永恆的價值。

以上，是我為成功下的定義。每次探討何謂成功之時，總會聯想到以下這個故事：

在某個遙遠的國家，某地有個旅人，經過翻山越嶺、長途跋涉之後，終於到達了一個小小的村鎮。旅人開口對鎮上的人問道：

「請問，這鎮上有甚麼很好的工作嗎？有沒有能使人成功的工作啊？如果有的話，可以介紹給我嗎？」旅人到處向人打聽。

可是，鎮上的人們卻不約而同的給出同樣的反應：「我們實在不知道你說的成功到底是什麼？每天天一亮，我們就會睜開眼睛，然後到田裡去耕田、澆水、施肥和播種。等太陽下山了，就回家吃晚餐，和家人談談天，然後就寢。日出而作、日落而息是我們長年的生活習慣，沒想過什麼是成功，也不知道什麼工作可以讓人成功。你能告訴我們你在說什麼嗎？」

旅人聽到大家都這麼問，便說道：「所謂成功，就是讓別人看到你的時候深感『羨慕』，會覺得你『非常了不起』！」

鎮上的人互相討論一番後，最後向旅人說道：「原來是這麼回事，我們這個鎮上並沒有你尋找的那個成功。不過，聽說越過那些山脈，很遠的地方應該有你要找的城鎮，你越過那些山脈去看看吧！」

這是大家給旅人的回答。

旅人離開了村鎮，走向了山脈。山路崎嶇、飢渴難忍，白天酷熱、夜間寒冷，在野獸嚎叫中難以入眠。旅人在漫長的旅程中受著煎熬。在不知翻越了多少個山嶺後，終於到達了一個非常現代化的城鎮。貧窮的旅人欣喜若狂地說道：「在這裡，我就一定能獲得成功！」

旅人一進城，逢人便相求：「請帶我去見城鎮的主人吧！」於是，很快他就被帶到了鎮長的面前。

鎮長看上去就是一位成功人士，身體魁梧，留有鬍鬚，光鮮亮麗的服飾。這一看就知道，他一定是有錢人。鎮長示意旅人坐在自己面前，仔細地端詳了好一會兒，終於瞪大雙眼開口：

「本鎮是成功者的地盤，尚未成功之人是沒有資格入住本城的。像你這樣既沒有錢，又衣衫襤褸，還一副筋疲力盡、死氣沉沉的模樣，根本就沒有資格住在我們城裡。」

聽完後，旅人很不服氣地說道：

「鎮長大人，我到這兒來的目的就是為了獲得成功。雖然現在還沒有出人頭地，但那又有什麼關係？只要日後飛黃騰達就行了啊！」

然而，鎮長再度瞪大雙眼，語重心長地說道：

「你真的這樣認為嗎？那我問你，你是不是只妄想一步登天呢？你啊！穿得不好，吃得也不好，大概連睡也沒睡好吧？我知道你是一路翻山越嶺，才終於走到我們鎮上。你在來到本鎮之前，曾在一個小村莊落過腳吧？那裡的人們都過得很幸福，但你似乎什麼也沒學到吧？當時，你心裡到底是怎麼想的啊？」

旅人回答說：「您說得沒錯，我也覺得那些人過得很幸福。只是，他們安於現狀，對成功毫無興趣。所以我認為『在那裡，根本沒有成功可言。』於是，我便不遠千里來到貴地。請您讓我加入成功者的行列吧！」

聽畢，鎮長接話道：

「老實跟你說好了。成功者，都不願接納會帶給自己不幸的人。成功者，也在追求他們羨慕的更大的成功者。總之，他們不可能接納會讓自己變窮的人。

你的想法根本就是完全錯誤！

你若真想加入成功者行列，那就請先回到之前的小村莊，並在那裡過上一段富足的生活。試著在那裡賺足錢，穿上華麗的衣服，並鍛練強健的體魄。之後，當你容光煥發地再走進本鎮時，我們自然會敞開大門歡迎你。

但你現在有一步登天的想法，怠慢了做人應該付出的努力。

我們從未見過能一步登天的人。一步登天的想法，就跟想要在一天內爬過對面的那座高山一樣，根本不可能實現。人，必須一步一腳印，腳踏實地的生活。獲得一定的幸福後，再向更高的目標挑戰。這才是做人的根本啊！

你若連這點道理都不懂，又怎麼能妄想加入成功者的行列呢？」

鎮長的話音剛落，旅人就被轟出去了。

每次回憶起這段故事，我就忍不住想提醒各位：「成功城鎮和成功人士，都只會接納成功者。對於非成功者，他們只能拒絕。」請各位務必牢記這點。

這個教訓正說明了「為學做事必須以自己能力所及的成功為起點，不可好高騖遠，應在自己的能力範圍內循序漸進的創造成功，隨後再向更大的成功發展」。

如果不從自己身邊做起，譬如，不能創造家庭幸福，不好學，也不認真做工作，卻異想天開地想一下子當個大老闆，明天變成大富翁等等，這就會與故事中的貧窮旅人一樣，即使翻山越嶺、歷經辛苦，雖到了名為成功的城鎮，也同樣沒有容身之地。

希望各位能將這個法則牢記在心。

第二章 成功的條件

第二章　成功的條件

1．靈魂的喜悅

本章將探討何謂「成功的條件」。

在切入主題之前，我想先針對「成功條件」的前提，即「靈魂的喜悅」這一話題做一番探討。嚴格地講，如果少了靈魂的喜悅，也將永無成功。

那麼，到底何謂靈魂的喜悅呢？

簡單地說，就是一種從心靈深處自然湧出的喜悅；或者說，某一時刻全身心為之振奮、感到歡喜。這種喜悅，就是成功的喜悅，或稱之為「靈魂的喜悅」。

人生在世，究竟有多少人可以在有生之年感受到這種喜悅呢？究竟有多少人感受到了這種靈魂的喜悅呢？

每當想起這個問題，我總會不禁感嘆：「很多人都在過著欠缺感動的人生。」或許很多人曾經從觀賞電影、欣賞戲劇，以及從體育比賽中得到感動。但如果僅靠這些層面的感動而渡過一生的話，這是缺少深度的人生。

對於普通未曾感受過震撼靈魂喜悅的人來說，或許這種程度的感動已覺相當滿足了。但，對於曾經感受過「靈魂的喜悅」之人來說，這些就太渺小了。

就拿讀書的喜悅來說，也是相同的道理。

我看過很多的書，有很多次當我遇到了一本好書時，過去那些曾讓我感到有些感動的書就變得微不足道了。這就是所謂的「震撼靈魂」的經驗。和如此書籍相遇時的喜悅，是能長留己心的。

通常來說，要邂逅這樣一本好書，至少要先閱讀好幾百本書。細讀也好，略讀也罷，總之，不讀上數百本書，是不太有可能和這種好書邂逅相逢的。但是別灰心，只要肯努力，一定會有緣與感動人心之作相逢。

以前，我曾熱衷研究有關「心靈」方面的書，到了書店，會覺得這本也不錯，那本好像也想讀。然而，能讓自己滿意、真心贊同的書，實在少得可憐。即使是國外非常有名的作品，有些在讀了之後，卻也沒有絲毫感動。

當時，我曾想：「難道是翻譯水準不高？還是有什麼其它理由呢？」總覺得「作者下筆不夠深入，如果能再多出現一些真正有意義、能幫助人心成長的作品，不是很好嗎？」所以，為了找到心目中理想的作品，我博覽群書，獵取精華。

有一天，我忽然產生了這樣的想法：「為何總想等待別人寫的書給自己帶來靈魂的喜悅呢？苦苦尋覓不得的東西，明明就在自己心中，為何不自己動筆，寫出自己想讀的書，獻給世人呢？用自己寫的書來自學，不也很好嗎？『自創、自學』的模式，不是早就有了嗎？」

我至今不斷地推出新書，也是因為當時的那份初衷仍舊深藏於內心。

當今，日本出版界一年大約有七萬本新書問世，但對於追求心靈喜悅的人來說，很難找到一本能令人感動的作品。對此，我有深切的感受。對於覺醒於心靈喜悅之人，可說是一書難求。正因為如此，我殷切希望能為世人提供真正的好書。

當然，這僅是本人對「靈魂喜悅」的看法。我認為「人只有在全身心感受到喜悅，並與人分享著這種喜悅時，才能真切體會到『欣喜』。」

我享受的欣喜便是如此，比起自己的開心，讓更多人變開心，才會更深切地體會到「欣喜」。當自己的作品變成更多人的心靈糧食時，我便也欣喜到極致了。

原來「靈魂喜悅，還有更高程度」；我想「能將更多人的喜悅視為自我欣喜的人，自然能擁抱更高程度的靈魂喜悅吧」！

2．高貴氣質

談到「成功的必備條件」，我想在此列出一個其他任何成功書籍從不曾提及過的條件，那就是「高貴氣質」。

極少人會將高貴氣質列為成功的必備條件，但我卻執意地認為：「缺少高貴氣質的成功，根本就不算是真正的成功。」換而言之，高貴氣質本身就是成功的必備條件。

再怎麼有錢的人，若是舉止輕佻、心術不正或是一臉窮相，大概也沒人會覺得他成功。或者雖然一表人才，但卻缺乏教養的人，也很難被納入成功者之列。

真正的成功人士，身上會散發出一股獨特的香味——一種高貴的、儒雅的味道。

因此，如果你想確認「自己是否踏上了成功之路？是否正在積累成功的要素？」就應該經常照照鏡子。正所謂「相由心生」，我們的臉，年年都在發生變化。或許並不是很明顯，但肯定在改變。

就像樹幹上年年都會留下年輪一樣，我們的臉上也會刻上類似於年輪的「靈魂經驗」。在一年半載的時間裡，也許並不能看到十分明顯的變化。但在三、五年，或是十年以後，這種高貴氣質便將立現無遺了，而且，任誰也無法否認。

持續了十年的成功，卻依然不能從他身上看到高貴的氣質，那麼，我敢斷言「他的成功價值觀肯定有問題」。

真正的成功者，必伴隨著高貴的氣質；當然，成功也總是伴隨著財富、權勢、地位、聲望等等外在事物，但我還是要再強調一遍：「高貴氣質的散發，便意味著真正的成功。」

這種高貴的氣質，也可以說是「個人靈格的提升」。「靈格」一詞，聽起來陌生，其實，也可以說是「人格」！在此，我還想強調一點：「無法提升人格的成功，根本不是真正的成功。」

那麼，什麼是人格的提升？又怎麼來判定人格是否得到了提升呢？為回答以上問題，我將列舉出三個提升人格的條件。

第一個條件，即「具有卓越的識見」，這意味著「能夠解答許多人的心事與煩惱」。

當然「對自己的問題也能做出明確的對策」，這個「能夠解答許多人的煩惱」和第二個條件密切相關。

第二個條件，即「擁有強大的感化力」，這是指對人有感化的力量。

有句諺語：「桃李無言，下自成蹊。」同樣的，具有了感化力，便足以證明其擁有了「高貴的氣質與人格的提升」。

在實際上也的確如此，人格越崇高其感化力也會越強。這並不僅是透過言語和行動去感化別人，而是其人的存在本身就能顯現出感化力，從而自然對周遭的人們產生有益的影響。形成了崇高的人格後，感化力會自然顯現。

於是，身旁的人們便會在其人的「感化力」下，在那種看不見的力量下，自然地去追求人格的提升。

真正的教育者，並不僅是以言語教育人，也不僅是以行動去教育人。真正的教育者是在無言之中，由此人散發出的人格力量教化人們。其人會洋溢出一種靈性的氣息，促使他人道德覺醒和追求進一步的提升。

第三個條件，即「寬容之心有所提升」，當人格提升到某個階段時，便能來到「看透人心，看清別人的煩惱」的境地。

但相對的，有時也會比較容易「看到他人的缺點，批評他人」。他們會用批判的眼光看待他人，即「將人分成好壞，有無能力和性格有無缺陷等類別」，易出現這樣的傾向。

這種人通常被譽為「人格高潔」的人。但是，很可惜這種人總是傾向於「對人品頭論足」。

人格越高潔，眼裡就越是容不下一顆細砂，因為高潔之人總愛挑剌。當這種偏好「品頭論足」的傾向出現後，他的這種高潔就出現了幾分狹隘與偏頗！所以說，既高貴、又寬廣的人格是非常必要的。

因此，健全的寬容心很重要，應該「用更寬廣的愛去包容別人」，而非與他人「一對一彼此對峙」。以更大度的愛心包容對方，才是寬容心的最大體現。

寬容的基礎，就是做好「自我反省」的工作。只有當完全瞭解到「自己也是一個不完美的人」的時候，才能懂得寬容待人的崇高道德。想到「自己這麼不完美，卻能得到那麼多人的包容、幫助」，那感恩之心便將油然而生，寬容待人之心也將隨之形成。

以上是本人對崇高人格的些許看法。

總歸一句老話：「人若沒有崇高人格，就不可能獲得真正的成功。」

3．擁有自信

接下來，我們來探討成功的另一個條件——擁有自信。

環顧四週，有些人似乎總在不停地經歷失敗，這些人擁有一個共同的傾向，即「熱愛自己的失敗」。

這種溺愛失敗的傾向，可以說是一種溺愛不幸的傾向。很多人每天都在努力從自己身邊，或在別人的話語中，拼命地尋找不幸的種子。

譬如，在公司裡始終在挑別人毛病的人，或夫妻之間總去找伴侶的缺點的人；這種人在古今中外，比比皆是。

其實，他們自身都未必知道自己是這種人。只是在潛意識裡，他們有那種「想追求不幸」的衝動。這也可以說是一種潛在的自殺願望，或「自我破壞」的意念。

那麼，為什麼有人會有這種潛在的意識衝動呢？其理由有兩個。

第一，是自身充滿強烈罪惡感；第二，是心中累積了太多的不滿。這兩者，皆是導致人們無法獲得幸福的精神傾向。

首先，被罪惡感纏身的人，要重新思考一下：「自己是否真的像自己所想的那麼糟糕？那麼不堪？如此逼迫自己的觀念到底是否恰當？」

如果一個人有宗教性的靈魂傾向，光聽到「經濟繁榮」一詞便覺倒足胃口，那他就永遠不可能擁有財富。因為持有這種意念的人「總會不自覺地將成功趕跑」。因而一聽到有關成功的話題，他馬上會躲得遠遠的。

再好比說「男女朋友之間的相處」，你是否已經發現了呢？有些人總是在感情路上跌跌撞撞、挫折不斷。那是為什麼呢？因為這些人大概都有「強烈的自我懲罰」和「強烈的罪惡感」等傾向。

我真的很希望和這些人談談天，最好能面對面聊聊。我想問問他們：「到底想不想得到幸福？想？還是不想？把內心想法理清楚、做出決定吧！」

如果不想的話，我也愛莫能助，因為期盼自己不幸的人，是連佛神也救不了的！

各位也許會很意外，實際上有太多人不懂得這個簡單的道理。一個人究竟能不能獲得幸福，首先取決於這個人是否擁有「追求幸福的決心」。只有當人下定決心「追求幸福」後，幸福才會隨之而來。如果不懂這個道理，人就會在不知不覺中將自己推向不幸的深淵。

總在心中描繪著「不幸的自己」，或總喜歡把自己塑造成悲劇英雄的人，請聽我勸，回到原點，再重新做一次選擇。

我再問各位一次：「各位到底想不想要得到幸福？想，還是不想？這次一定要做出決定。」

如果答案還是「自己想做不幸的人」，那就要自負責任了！自己選擇的路，就要自己負全責。不能有任何形式的不滿或怨言。因為再多的不滿、再多的怨言，也根本於事無補，其最終也只會徒增別人的痛苦，給別人帶來傷害罷了！

如果答案是肯定的，你有了做幸福人的決心，就有必要去開拓通往幸福的大道，從這個決心中自會湧現出自信。請不要在「這個不能做，那個也不行」的世間道德觀念和罪惡觀念面前委屈求全，應該常抱持「問其究竟」的想法，應該思考為什麼行不通？為什麼就不能開拓一條道路呢！

正所謂「果敢者，鬼神亦敬而遠之」之說，急流湧進時可令鬼神避之。人若遇到比自己弱小的人時，尚敢拿石頭去砸對方，但若遇到一個滿懷自信的人，恐怕就不敢出手了；這是一種「心靈感應」現象。

在有自信的人身旁，會聚集來有自信的人們。

我在上一章提到過「成功者的城鎮」的比喻，成功者自然會吸引獲得了成功的人。

因此，如果「要與成功者為友」，首先必須讓自己變成一位成功人士。

假設你身為一個失敗者，卻想靠近成功者沾光，但因真正的成功者擁有獨特的成功意念，散發著成功的氣息，所以，很神奇地會令失敗者難以近身。成功者散發出的氣息，自然會遠離失敗而吸引成功。

其實，成功的根本動力來自於自信。心懷自信，才能散發出成功的氣息。

總之，請各位不要再感嘆自己的不幸了！請先問問自己「是想成為一個幸福的人？還是想變成一個不幸的人？」認真思考後，再做一個明確的決定。如果你想成為一個幸福的人，那麼，請你大聲說出這句話——「我要成為一個幸福的人！」

大聲說出這句話以後，你就會知道下一步該怎麼走了。明確自己「想獲得幸福」的時候，自然將迸發出「我會幸福」的自信。此時，就請心懷自信，首先在心靈和意念的世界中，做一個成功人士吧！

在心靈和意念世界中的成功者，其身邊會逐步吸引來成功的機遇，會吸引成功者的到來，會散發出成功的氣息；這如同磁鐵能夠吸引鐵沙一樣。

從此意義來看，可說無自信則無成功。如果沒有自信，即便中了什麼頭獎，碰上了什麼好運等，那也只能是暫時的，好運終將消散而去。

勝利的女神也好、成功的女神也好、幸福的女神也罷，她們只援助「調教高手」；而調教這些女神們的重點，就是「擁有自信」。

4・設定目標

有許多人，在漫漫人生路上失去了活力，也有人在遇到挫折時不知所措；有人因為身體疲累，致使思考能力衰退，也有人因受到打擊而跌入了痛苦的深淵。

人在這樣的時候究竟應該怎樣做，才能夠脫離痛苦的深淵，奔向美麗新世界呢？

我首先想對這些處於逆境的人們說：「你們需要設定目標。」

就像掉入洞穴裡的人，若想逃到洞外，所用的方法都是一樣的。此時的辦法是，將石頭或身邊什麼東西，用繩子綁一綁，然後往外扔出去試試。當然，最好在繩子上綁上爪勾後往外扔。如果能勾上岩石或樹根之類的東西，那就可以順著繩子爬出洞外了。

同樣的道理，當自己陷入低潮時，若想要擺脫困境，那麼首先就應該設定目標，思考「要怎樣才能走出低潮」。

為了讓各位進一步瞭解，我想送給各位一段話：「當自己屢遭失敗、失去活力、心情跌入谷底的時候，請做個深呼吸，並忘記所有煩惱吧！為何不著手設計一個嶄新的人生呢？」

拿出一張白紙，並在上面描繪人生的目標藍圖，寫下大、中、小三種目標後，在另外一張紙上，以時間軸的角度訂出一個計畫表——其中包括近期、中期目標和長期目標。

這兩種目標的設定是非常重要的，要從洞穴中逃出來，首先一定要設定目標。請務必記住所列下的大目標、中目標、小目標，以及近期、中期和長期目標。

在實踐上，先從小目標著手，再參考一下時間，近期目標要同步實現。請具體計畫一下，究竟該如何順著繩子爬出洞外？

此時，有兩條路可以選擇。一是「自創新局」，換言之，即「開闢一條新的道路」；二是「重新開始」。

在此尤其需要強調一點：「如果你現在心裡的痛苦和挫敗感等，是由人際關係造成的話，那就一定有改善的空間。」

人的力量雖然沒有達到翻手為雲、覆手為雨的地步，但「讓時間沖淡人際糾葛」卻是可以實現的。

時間，總能在最合適的時候幫助堅持努力之人，困難的時候，我們就應該設定一個忍耐期限。世界沒有過不去的坎，一切困難都會隨著時間流逝。

對於有極度不幸經驗的人來說，或許「先把今天過好」也可算作是一個人生目標。而情況稍好一點的人，就應該將目標設定長遠一點，例如，「這個禮拜中好好衝刺一下」，然後再慢慢提高目標。接下來，一個月、三個月、半年、一年，逐步地將目標提高，就能一次再一次地衝破人生的瓶頸。

從我的經驗看來，艱難期一般不會超過一年；而所謂的「最煎熬」時期，頂多不過半年。

總有一天，痛苦會被淡忘，光芒將映入眼簾。當你以為「眼前出現的盡是絆腳石」的時候，帶來無限光芒的救星也許在你的身旁。

總之，請設定好目標，相信自己，並好好努力吧！

5．鼓起勇氣行動

在講述了許多成功的條件後，最後想對各位讀者說一句：「請構築一個有發展潛力的人生吧！」

對能夠鼓起勇氣敢於行動的人來說，世界上沒有不可能的事。

不過，勇敢地衝破一次難關也許並不難，但是當危機、挫折和困苦接踵而來的話，那又應該如何面對呢？

此外，對於接二連三失敗的人來說，勇氣也會逐漸軟弱下去的。總是遭受挫折的人，容易產生逃避現實的心理，變得懦弱起來；這種心理症候猶如田裡的螯蝦。

螯蝦是生長在田裡或水邊，體型類似蝦的生物，其特性是一有危險信號出現就向後逃。當有人丟小石子或水中的魚跳躍時，螯蝦一聽到聲音，就會立刻後退二、三十公分。所以，捕捉螯蝦不是一件難事。

只要事先在牠們身後十到二十公分的地方撒下網，然後往其前面丟一顆石子，牠們就會自投羅網了。

我小時候常去河邊抓螯蝦，所以知道這個方法很有效。

對於認為敵人只會出現在面前，所以總拼命向後逃跑的人來說，當身後被設下天羅地網時，就註定無處可逃了。

最好不要過早斷定眼前發生的事一定對自己有害，當你鼓起勇氣邁開步伐時，就有可能打開一條進路。但若一心只想著如何保護自己，總想著退路的話，當無處可退時又要如何拯救自己呢？因此，鼓起勇氣敢於行動非常重要。

現在，請各位回頭看看自己的人生旅程。尤其是屢遭失敗、連連挫折的人，請認真地思考一下自己的人生吧！

我想，這些人應該有著猶豫不決、優柔寡斷的性格吧，也就是難以下決定的人。而且，除了不能自我做主之外，恐怕在行動上也是慢半拍。此外，也總是持有「盡可能避開危險，躲避不幸，怕受傷害，不願意與別人接觸」等強烈的想法。

如此把自己拘束起來，隨時準備逃跑，請問這與螯蝦的行為又有什麼兩樣呢？

這樣的人，必須堅定「鼓起勇氣向前進」的信心。

英雄死時，寧可前進，絕不後退，這就是英雄的高風亮節。既然「進退都是敗」，為何不選擇向前邁進呢？為何不向前倒下去呢？為何不挺身而死呢？

這裡再次建議各位：「鼓起勇氣去行動吧！勇敢行動了，即使失敗也不是真正的失敗了，不要害怕，果敢地付諸行動吧！」

勇氣並不是別人給予的，勇氣是在你需要時，發心後從內心自然湧現的。並且在行動的過程中，勇氣還會不斷地湧現，而且用之不竭。那時，你會驚訝自己竟然擁有如此巨大的潛力。

最後，我想用一句話總結本節，即成功的最後一個條件，在於「鼓起勇氣去行動」。

第三章 成功的祕訣

第三章　成功的秘訣

1．開朗地生活

首先，我想為讀者們講述如何「開朗地生活」。我認為，成功的生活狀態，即是開朗的生活狀態。

或許，許多人都會覺得自己欠缺成功的條件，因而心裡總幻想著「只要那個得手了就能成功」、「若能滿足我這個條件就OK了」、「如果幫我準備好這麼棒的環境就好了」等類似的想法。但是，各位讀者應該將這些「凡人幻想」

徹底地踢開才是。

無論自己生活在何等環境下，無論何等不利的條件擺在面前，無論自己身在何等困難的處境，都應該開朗地生活下去。正因為有了這些風風雨雨，活得開朗才更顯美好！

當自己沉浸在真正的幸福中，處於幸福之頂峰時，要活得開朗並不困難。但是，當遇到了對自己不利的事情，和痛苦悲傷的處境時，告訴你應該活得開朗，這就好像給了各位一份試卷一樣，就當它是一場考驗吧！

此時，最重要的就是「努力穿透雲層」。雖然常會有終日不見陽光的陰雨天，也會有烏雲蔽日、狂風暴雨、寒風凜冽的日子，但只要穿過了層層烏雲，便能見到太陽依然燦爛耀眼。

請不要被陰暗的烏雲給矇騙了，不要因此而痛苦，這只是一種假象罷了！不要忘記烏雲背後的太陽，仍在蔚藍的天空燦爛輝煌，要想辦法衝破層層烏雲雲層。

首先，要做好充分的心理準備。若想開朗生活，首先就要擁有「想要開朗生活」的決心。下定決心後，就要立刻採取行動，努力營造一個「明亮的人生」。

每個人都蘊藏有無窮的力量，哪怕在你認為「這已經是我的極限」的時候，只要有勇氣去過開朗生活，那就一定會闢開一條新路。

其實，我最想奉勸各位的是：「當各位覺得『彈盡糧絕』的時候，請務必再給自己一次機會。努力奮戰到底，並堅持到最後的一分鐘。」

在「彈盡糧絕」之際，多半的人都會想要放棄，這是人類的慣性，無可厚非。但在這種情況下，若有人仍願背水一戰、咬緊牙關「再堅挺半年、撐個一年」的話，那情勢勢必改觀。最關鍵的，還是看人們能否持開朗的心胸面對生活！

人生不如意十之八九，而且，往往是越不如意的時候，就越能砥礪人的心志、淬煉人的高潔靈魂。

千萬不要以為「只在受人讚賞時才能開朗過活」。事實上，在艱苦環境下，才更應該有高風亮節的氣度，凌駕世俗開朗地生活。就好像騎馬去衝鋒陷陣一般，可以豪放不羈，活得開朗。

這是絕對可能的。我希望各位能鼓起臨危不亂而奮起的勇氣。

我常這樣想：「一帆風順時，要一鼓作氣、乘勝追擊；遇上逆風時，也要穩住陣腳，並伺機乘風破浪。」

總之，對順逆境中皆能勇往直前的人來說，人生沒有解不開的結，要開創一個光明人生，就必須「努力地活出開朗的生活」。

當心情沈悶時，去照照鏡子吧！認真看看鏡中的自己，並好好反省一下。當別人看到自己這副苦瓜臉的時候，是否還會想幫助自己？是否會想拉自己一把？又是否可能引導自己走向光明？看著鏡中自己的臉，捫心自問吧！

想通了嗎？知道整天愁眉苦臉是不行的吧！

打起精神！尤其在失意的時候，更應該展開笑容，調整心情，使自己煥然一新，然後重新出發。

2．笑容與努力成正比

前一節說到了「開朗地生活」，也討論了「什麼才是開朗的生活」，若仍不能把握思考的方向，我將在以下做更具體的解答與說明。

首先，我給的答案是：「笑容」；千萬不要忘記「微笑」。

當一整天的工作結束後，請回顧一下今天的生活。在這一整天的時間裡，自己笑過幾次呢？在別人面前嶄露過多少笑容呢？在別人看不到的地方，又有過多少微笑呢？

笑容，說穿了，就是一種創作。

面對一個滿面笑容的人，大家都會受其感染，心情好轉。而接著，看到大家的愉悅表情後，自己也將更加快樂。

第二個答案是：「笑容與努力成正比。」

當一個笑靨如花的人迎面走來時，各位會認為「他的笑容是與生俱來的」嗎？還是會聯想到「常常面帶笑容的人，應該是天生的幸運兒吧！」

事實上，誰都有不為人知的辛苦，誰都有不為人知的悲傷。飽受辛酸苦楚時，人的笑容也將隨之消失。

老天是公平的，由笑容滿面變成愁眉苦臉的「機會」，人人都經驗的到。這種笑臉變苦臉的瞬間，皺紋的神經質反應，任誰都躲避不了。如果真能超越苦惱、常保微笑，這種人實在值得讚賞。

此外，如果真有一生無艱辛的人，從另外一層意思來講，那或許也是不錯的事。因為，內心經常持負面想法和心念的人，其心性傾向難免招致負面的精神作用影響自己。

持有負面意念的人，通常只是徒增苦惱罷了！悲觀的人，聽到些微的腳步聲，就開始懷疑有盜賊侵入；只要事情稍微進展不順，就會覺得很受打擊；小小的傷風感冒，可能就會緊張半天，甚至還懷疑自己將會一病不起。可是，這樣會不會太誇張了呢？

如此相比之下，「一生無艱辛」是多麼美好啊！為什麼此人身上完全沒有不幸呢？想必是得到了佛的庇祐吧！

不管原因是什麼，也不管過程如何，如果一個人常保笑容，那就是值得稱讚的事。

對年輕人來說，常保笑容或許並非難事。但人到中年或老年之後，說要常保笑容就並非易事了，沒有一番修行的話，恐怕很難辦到吧！不知各位能將笑容保持到什麼時候呢？

如果今生能一直保持笑容的話，此人就算回到了靈界，也將繼續是常保笑容的吧！

請牢記這句話：「笑容與努力成正比。」正因為「笑容與努力成正比」，所以滿臉笑容之人，會為了常保笑容而不斷地努力。

當一個人這麼努力地去展現笑容時，這絕非出自只想「為了遮掩內心」的心情。

所謂展現笑容亦稱做「顏施」。意思是，笑容也算是對別人的「施惠」。世界上每多一個「顏施」之人，就將多出一分美好。

就好比開在路旁的花朵，很少人會去思考「為何路旁的花朵開得如此燦爛」吧？當有人在路上感受到「花兒好美」的瞬間，這些花兒就算是在行菩薩行了。花兒盛開，其實就是為了給人們帶來喜悅。所以，它們總在努力向路人微笑著。

枯萎後的花兒也許會帶來傷感，但盛開的花朵就像綻放的笑容。況且不只一朵，而是滿山遍野的鮮花一起綻放，並向你展現最動人的笑容，那是何等愉悅的事情啊！花朵都如此努力地綻開笑容，何況我們身為萬物之靈，更應該做出努力，輸給花兒，還是會難為情吧？

此外，動物不也經常展現著甜美的笑容嗎？雖然有人常「動物們並沒有所謂的喜怒哀樂」，但這種說法，好像並不正確。請仔細觀察家中的寵物狗，牠們肯定都有悲傷、或喜悅、或憤怒的表情。

狗也一直在努力綻放快樂的笑容，當主人回家看到狗兒開心的表情後，難道還會一直不開心嗎？人同此心，心同此理。有誰能對著一個滿臉笑容的人生氣呢？

人生成功的秘訣之一，即「常保笑容，透過努力也要微笑待人處世」。請記住，這不僅為己，也是有益於人和有益於社會的事情。

3．別說悲觀的話

雖然在上一節中提到了「顏施」是一件重要的事，但光有笑容還是不夠的，表達的藝術也同樣很重要。

當人處於痛苦、悲傷的時候，悲觀的言論總是容易脫口而出。其實，當中隱藏著一個極大的陷阱，各位對此不可不謹慎。

笑容好比是臉上的裝飾品，而一個人從嘴巴說出的話，則會成為其人格的裝飾品。

如果你常說一些悲觀的話，其周遭的人自然會敬而遠之。因為，當別人想到你的時候，就會聯想到不幸的話語，變得不愉快起來，這樣會有誰真想靠近你呢？久而久之，對於抱怨連篇的你，別人就會產生厭惡的感覺了。

所以，如果遇上了幸運的事，就應該開心接受；遇到不幸的事時，也不要念念不忘。

很有效的辦法即是，當悲傷、痛苦時，不要說太多抱怨的話，也不要說於事無補的話。陷於困頓之際，更要想想有什麼幸福的事，如果找到了！就大方地說出來吧！

如果一大早出門時，就遇上了不愉快的事，心裡不舒服，便忍不住把不愉快的事說出來，這樣就等於在自己的人生旅程上畫了一個負面的印記，同時，也等於往別人的人生圖景上，畫了一團陰暗的色彩。

如果有了什麼值得高興的事，這才是應該大聲說出來的。這會使你越活越開朗，別人也會受到渲染而心情愉快。

試想當一句悲觀的話說出口時，同時這些話又會再進入自己的耳朵，並在自己的心上刻下深深的傷痕。此外，悲觀的話，還會隨風飄散到世界上的某個角落，就像烏鴉的黑色爪痕般，刺傷別人的心靈。

所以，絕對不要說悲觀的話，確實地拿出愛己愛人之心，這將利人利己。

如果真的愛己，認為自己是一個值得被愛的人，不願意可愛的自己受到傷害，就不要讓自己被悲觀、負面的言論污染。況且悲傷和艱難的時候，若能說一些積極、正面的言論，它可以把心裡的陰霾一掃而淨。

我認為，這絕對是經營一個成功的人生不可或缺的法寶。

成功者往往說具有積極性、建設性和開朗的話。人說出口的話，會發揮出像牽引車那樣的心理作用，甚至會牽引著人生的方向。也可以說，因為人們說出的話不同，所以才會有幸福與否的不同結果。

基於這個道理，所以我們就更應該善用這輛人生的牽引車。說好話，就可以加大馬力；多說好話，馬力就會倍增。這可以形成一個良性的循環，說的好話越多，馬力越強。

多說好話會帶來好效果，幸運地獲得了成功之後，就能夠感受到「車的馬力果真有所增強」，不妨邀請更多的朋友一起共乘。

請各位記住「話語有牽引的力量」這句話。我要再次強調：「悲觀的話語，就好比是車伕將車頭裝到車尾的方向去，再努力也到不了目的地。」

4．逆向思考

接下來，要告訴各位另一個有效的方法，即「隨時嘗試從完全相反的立場看待事物」，這是指「完全顛覆傳統的逆向思考」。

當自己在跌倒的時候、受挫的時候，可嘗試往好的方面去想，再重新出發。

譬如，在大學聯考失利之後，即將有一年的時間要背負著重考生的身分，這算是一個不小的打擊。人在自己的實力受到否定時，容易產生挫折感。

不過在這個時候，不妨使用一些不同的思考模式。比較悲觀的人，或許會這樣想：「之所以會落榜是因為自己頭腦不夠好，明年怎樣還是未知數。第一場就輸了，不幸的人生要開始了。」但如果能學著做逆向思考的話，就有可能展現出新的局面。在此列舉幾種思考方法供各位參考。

第一種想法：「佛神是為了讓自己進入更好的學校就讀，所以這次才故意讓自己落榜。如果今年榜上有名，也進不了一流的大學，與其這樣不如再努力一年，說不定明年可以擠進一流大學呢。塞翁失馬，焉知非福。」

第二種想法：「落榜之事，是一件來考驗我的人生試煉，讓我有一次很好的磨練經驗，有朝一日出人頭地、領導別人時，這次失敗將會是非常可貴的精神糧食。這是難得的機會，應該要繼續努力，並砥礪心志，為日後成為風雲人物做好準備。」

第三種想法：「這說明自己太傲慢自負了，無疑是上天在教訓我。我應該引以為戒、謙沖自牧、重新做人，秉持謙虛並腳踏實地做努力。不要習慣從別人的讚賞中尋找自己的價值，而應該走自己想走的人生路，持續不斷累積努力；這才是此次落榜的意義所在。」

還可以運用光明轉換的思考方法：「雖然又要在家準備一年，但說不定哪一天自己成了暢銷作家之後，這段經歷不是很好的題材嗎？很多名作家都寫過與此有關的作品，如果自己不實際經歷一下的話，將來又如何成大器呢？」

此外，還可以這樣思考：「在這段準備重考的期間，或許能結識一輩子的好友。曾聽人家說過『患難見真情』，在最痛苦無助時，能夠互相勉勵、互相扶持的夥伴是靠得住的，剛好趁此機緣找到命運中的摯友。」

或者這樣想也不錯：「雖然落後一年，自己再多活一年不就解決了！將八十歲的壽命，延長到八十一歲就好了嘛！」、「多注意身體健康，鍛鍊體魄，把浪費的這一年補回來。」

看看一些成功的實業家們在年輕的時候，不也經歷過許許多多的考驗嗎？

如此才能真正磨練到自己的心靈。沒有經歷任何磨練的青春時代，未必是美好的。幾經挫折、受盡創傷，經過不懈的努力克服了困難，才能使靈魂放射出生命的光芒。

這些話不只是說給年輕人聽的，對中年人或老年人一樣管用。

譬如，年過六十之後，退休的時候到了。悲觀的人容易這樣想：「難道人生還會再有什麼新鮮事嗎？」看到年輕人的時候，忍不住羨慕地說：「年輕真好！什麼事都可以放膽去做，可惜我已經老了！就是再想做些什麼也無能為力了！」

其實可以嘗試一下逆向思考；譬如，「從六十歲開始，可以創造人生第二春。在第二個青春時期，什麼事都可以去嘗試。退休後自由多了，開始自己第二個人生吧！做一些年輕時想做沒能做的事吧！」如此一來，將可以燃起年輕的鬥志和活力。

不管年齡有多大，做人就要常常為自己設定更高的人生目標。

此外，正值青壯年的上班族們，如果遇到了降職或減薪，不妨把它當作是一次人生的試鍊吧！「經過磨難之後，自己才能發光發亮。」這樣想可促使自己繼續進步。

如果公司不信任你，不委以重任，時間很空閒的話，不妨看成是人生的充電時期好了，加強學習充實自己。如果工作忙得不可開交的話，就應該不辜負人們的期待，熱情地努力於工作。

記住：「無論自己處於何種環境，都要努力讓生命綻放出最美麗的花朵。」

這個道理，也適用於年輕的女性。

不少年輕的女孩子，很容易在結婚問題上受到傷害。譬如找了又找，卻總是找不到理想的結婚對象，好不容易遇上了如意郎君，卻在交往之後，卻又大失所望。久而久之，整個人也會漸漸地變得悲觀起來。

在戀愛、相親及家庭問題上，許多人都會碰到各種各樣的挫折。如果這一次次的失敗，只是在內心徒增一個又一個傷痕的話，那麼靈魂修行的意義又何在呢？

特別是對於女性的靈魂來說，婚前的靈魂修行，佔據了青春年華不少的比例。在這個時期，不能只想著遠離災難，只在風和日麗的時候才航行。

海上之旅，真的是會遇上巨浪、狂風和暴雨。這種時候，有必要將船駛入避風港，也需要將甲板上的水舀出去，也會碰到連風帆都被折斷的時候。

但最重要的是：「即使遇上再大的滔天巨浪，也要堅強地繼續航行。」

在身處各種艱難之時，必須不斷地提醒自己：「如何做才能讓自己的靈魂發光發亮呢？什麼才是最好的方法呢？」抱持這種姿態很重要。

這樣才能使自己無論在怎樣的處境中，都能克服困難，持續前進。

我想對處於困難，感到「已經無能為力了」的人建言：「針對這個問題，你究竟想出了多少個解決方案呢？或許你認為到底了，已經窮途末路了，但果真如此嗎？你真的挖空心思去想對策了嗎？」

其實，方法一定會有的。但你總是找藉口，認為「那些方法不合常理」、「會招來別人的反對」，或者是「沒有自信」等。你在種種理由下，放棄了有利的選擇，走進了狹窄的窮途。

當問題發生時，應該好好地分析：「要解決這個問題，自己究竟可以想出多少種解決方法呢？哪一種方法成功率最高、最有效和最快可以看見成果呢？」

對於能夠如此不懈地尋找對策的人來說，相信在不久的將來，除了自己本身的問題之外，連別人的困難也能像快刀斬亂麻一般，解決地乾乾淨淨、漂漂亮亮的。

5．道無窮盡

以上講述了逆向思考，其實，從另一角度來看，講的是「道無窮盡」。如果有辦法看出「眼前有無數的道路可走」，就能夠擁有一個快樂的人生。

如果固執地認為「眼前的道路只有一條，別無他法，不得不走」，那麼，在這條僅有的道路上不斷出現障礙時，「四苦八苦」就會接踵而來。當映入眼簾的路不只一條時，有如像棋盤上的線縱橫交錯展現出來的話，就算眼前出現了障礙，也可以在左右移動之後繼續前進。

或許有人會用「投機」或「優柔寡斷」等話來批判，但這絕不是正確的說法和想法。

人生在世，被賦予了自由意志，也就是說，「被賦予了做各種選擇的權利與責任」，所以才有辦法選擇出最好的答案。應該放棄「答案、方法只有一個」的想法，要常鞭策自己去追求更好的方法。

對於公司的經營管理也是如此，需要時常以新的思路創新，不斷去思考有無更好的經營策略。

此外，面對他人時，也要具備良好的溝通能力與應對的技巧。如果老是以為事情只有一種解決方法，必須那樣思考，而因循守舊、墨守成規的話，並不見得是一件好事。應該瞭解不同的人會出現或贊同或反對的不同看法。經歷過許許多多的大風大浪之後，才會開始進步。

我想就「道無窮盡」再做一些補充，談一談有關次元這個話題。

人們生活在平面的世界裡，如果誤入迷途的話，會感到徬徨無助。因為處在平面的狀況下很難找到出口。但這時如果變成立體世界的話，解決問題就比較容易了。當平面移動找不到出口時，不妨騰空而起就可以找到出口。

在瞭解了「道無窮盡」之後，未來不要只停留在二次元的平面尋找道路，要知道在三次元的空間，還有更多未知的新路可走。

因此，當自己當下在某個次元世界遇到問題時，可以大膽地嘗試「從完全不同的次元觀點去解決」，困難將迎刃而解。

好像跳蚤輕易地跳出迷宮一樣，人使用四次元的思考方法，就可輕鬆地解決三次元世界的問題。但是通常人們習慣以「垂直思考」為中心過生活。

好比說鑿井的時候，如果挖了半天還是不見水的蹤影，可能就會想說：「大概是挖得不夠深吧！」於是就繼續往下開挖，這就是垂直思考。也就是說，如果挖了五十公尺還挖不到水源，就挖到一百公尺；如果一百公尺還不夠，就再挖到一百五十公尺、甚至是兩百公尺也在所不惜。我相信大部分的人，都有著這種相同的觀念。

事實上，除了垂直思考之外，還有一種「水平思考」。再拿鑿井的例子來做說明：「如果在同一個地方老是找不到水的話，就換另外一個地點挖挖看。

在很多很多的地方，挖很多很多口井試試看！」這就是所謂的水平思考。

雖然有這麼樣的一個好方法，在現實生活裡，卻不太被人注意。大多數的人如果挖不到水源，只會想著再往下挖得更深一點，壓根兒不會想到「轉移陣地」的這一種水平思考。

上述關於鑿井的例子，還只是使用了比較簡單的、視覺上的比喻，如果將場景切換到現實人生的話，問題就變得複雜多了！在現實人生中所遇上的問題是抽象的，為了解決許許多多的困擾，就不得不「挖許多口井」來解決問題。但是，人們卻常常陷入「只能挖一口井」的迷思當中。

就好像一個人「在公司裡處處碰壁，和上司不合、和同事也處不來，眼看這輩子升遷無望、工作實在又不怎麼有趣。但是，如果把工作辭了之後，家庭經濟又會陷入困境。那麼，到底應該怎麼做才好呢？」在這個世界上，有著這種心境的人，應該還不算少吧！

遇到這種情況的時候，答案只有兩個：「既來之，則安之，繼續努力看看情勢會不會好轉。再者，就只好另闢蹊徑。」

如果不知道該選擇哪一條路的話，就先好好想一想：「要怎樣才能讓自己做出決定。」

辦法是人想出來的，你可以「自己一個人做出判斷」或「問問朋友的意見」；你也可以「徹底調查一下關於換工作的事，評估一下新工作到底適不適合自己？成功率有多少？」你還可以徹底研究一下「現在的公司將來有沒有發展？」

做了這麼多方面的努力之後，你將會驚覺未來的道路竟是如此的寬廣！

總之，不要讓自己陷入單純的垂直思考中。隨時隨地提醒自己：「有沒有做到水平思考？有沒有換個地方重新挖井？」這也就是所謂成功的眾多秘訣之一。

第四章

商業成功法則

第四章　商業成功法則

1．尊敬上司

本章將探討「如何才能在商場上獲得成功」的一些方法論。

首先，我想強調的是「尊敬上司」。雖然坊間有許多關於如何在商場上嶄露頭角的書籍，不過提到關於「尊敬上司」這方面看法的並不太多，但我卻認為這是一件非常重要的事。

一個不懂得如何尊重上司的人，將沒有辦法在商場上占得一席之地。

人非完人，上司既然也是一個平凡人，不可否認的，一定也會有一些缺點存在，你一定也會對於上司的某些所作所為，有著些許不滿吧！

不過，一件事情必定會有正反兩面的看法存在。既然人家有辦法成為自己的頂頭上司，光憑這一點就可以判定他是一個「有能力的人」，甚至是一個非常有能力的人。

假如你覺得上司是一個無能的人，是一個「一無是處的無用之人」的話，那麼你就別想有一天能在這個公司、這個社會，或是這個組織裡面出人頭地。

仔細觀察一下，如果始終沒辦法發現「上司的優點果然遠大過於缺點」的話，那你離成功的日子恐怕是遙遙無期。

如果老是在心裡埋怨著：「為什麼能力不如自己的人，偏偏會成為自己的頂頭上司！」那麼，你不滿的情緒將無法消失，上司也會對你不感興趣。既然雙方不能維持良好的關係，又怎麼可能會成功呢？

在此我想要告訴各位的是，也許在你的眼中「根本不認為上司有什麼了不起」，不過，你可知道人家是下過多少工夫、累積了多少實力，才能爬到今天這個位置的嗎？光憑這一點，你就應該尊敬你的上司。

就從「老師和學生」的關係來看吧！身為學生的你，就算對於老師有任何不滿的話，應該還是會抱著尊敬的態度來聆聽老師的教誨。之後，如果發現自己有什麼不對的地方，還會誠心誠意向老師道歉，不是嗎？但是，同樣的問題如果發生在工作上，卻完全不是這麼一回事。

首先，需要「把上司當成是自己的老師」來尊敬，如果發現自己有什麼不足的地方，就要虛心受教。

人類這一種動物，即使是自己的心境並不那麼高，也還是會批判那些比自己心境更高的人。身為部下的你都能批評上司了，上司當然也可以批評你。

在不久的將來，你或許會有機會成為能夠掌控整個公司的人物。又或許，你的上司一直停留在那個職位上。

不過，就像部下能批評上司一樣，上司當然也會批評部下。「不偉大的人，也可以批評偉大的人」這一件事，古有明證。而且，這種批判也不見得不正確。

你被上司挑出來的毛病，也不是胡亂捏造的。就算上司真有不如你的地方，如果想要找出你的缺點，也不算是什麼困難的事。

所以，如果被討厭的上司罵了幾句，或者是狠狠地訓斥了一頓，也不可以表現出不滿的樣子。上司都已經找出你的缺點了，怎麼可以不好好反省一下，「自己是不是有什麼需要改進的地方呢？」

請各位要牢牢記著：「不知道要尊敬上司的人，將沒有辦法出人頭地，將沒有辦法達到成功。」要知道，這等於懷疑上司的判斷。上司的頭上還有上司，層層推上去，最後的頂點就是公司的老闆。如果連自己公司的老闆都討厭，那麼繼續待在這個公司又會有什麼希望呢？

其實，這也不是一個誰對誰錯的問題，只不過是雙方面「合不來」罷了！

總而言之，想要在這個世界上、想要在某個組織裡成功的話，一定要懂得尊敬自己的上司；這是我首先希望各位能夠銘記在心的一點。

2．關愛部下

在做到「尊敬上司」的同時，另一方面也必須做好「關愛部下」。可以說這一點也是成功的要素。

或許有些人會認為：「自己之所以會有今天的成就，完全是因為自身的努力。」不過，如果不能得到部下們的敬愛，光靠自己的力量是沒辦法成為一個偉大人物的。就算偶爾因為突如其來的好運而搶得先機，日子久了之後，終究會失去大家的信任，喪失了勝利者的資格。

那麼，「關愛部下」究竟是指什麼呢？就是「發揮部下的才能」和「適時指正部下的錯誤」。

也許成為上下級關係只是一種偶然，不過上司還是要努力地提攜後進，讓部下能夠有更傑出的表現，並且衷心的希望他們將來能夠更上一層樓。

身為上司的人，一定要注意的一件事情是：「不要嫉妒部下的才能。」

如果身邊來了一個優秀的部下，總是特別容易讓人嫉妒，讓人忍不住「想要扯一下他的後腿，不然就故意製造一些麻煩」。

如此一來，簡直是損人不利己。除了使得部下無法得到晉升之外，可能也會因此而危害到自己的大好前程。

真正有潛力的成功者，其實都相當「愛才」。看到比自己優秀、具有自己所欠缺的能力之人，就會像伯樂遇上千里馬一般，想要關照、提拔他。

所謂的「關愛部下」，亦即「遇上與自己個性不同的部下，要有包容的雅量」。也就是說，部下如果比自己優秀的時候，除了要讚賞對方的才華之外，還要有引以為傲的高雅心境。有了這種修養之後，身為上司的人也才會有機會步步高升。

上司如果不肯愛護自己的部下，又能指望誰來支持自己呢？光靠自己一個人的力量，是沒有辦法成功的。畢竟水漲才能船高，在眾人的支持下，才能走上領導的地位；在得到了人們的信任後，涵養氣質，也能成為走向成功的力量。

因此，自己也要努力讓部下覺得「很高興可以在你的手下做事」。

如果遇見年紀比自己輕，能力卻比自己強的人，就要好好地栽培他、提拔他。有了這種寬容大度的心胸之後，自己也才能有更高的發展，精神層面也會因此有所提升。

我再三強調這一點，請各位不要忘記。

3．付出薪水十倍的努力

其次要談的重點，是有關薪水或紅利這些問題的思考點。

對於上班族來說，薪水和紅利的多少，常會成為對工作不滿的因素。有時會為了比同事少幾百元而斤斤計較，那怕是年終獎金多了一點，也會為此感到很高興；這也是人間世界之常情。

但是，應該從這種凡人的習性中擺脫出來，否則就無法提升自己的精神層次。

有些人常抱怨：「自己付出了這麼多的努力，但薪水和獎金卻如此之少。」我在此建議抱怨的人：「你可以算一算公司在自己身上投資了多少錢嗎？」

對一個大企業的新進職員來說，最初的薪水就可以提供不錯的生活保證，雖然你還做不出什麼業績，但也能照樣領取年終獎金，再加上勞保、健保或其它福利等費用，為了一個新進職員，公司投資的比你想像的要多。這些為了培養職員的教育投資，很難從新進職員身上回收。因此，不妨從公司的立場考慮一下。

那麼，這些費用到底由誰來擔負呢？那就是進公司已久的資深職員。

如果你是資深的職員，不可以僅做與自己薪水相等的工作就好，一定要心懷助人的氣度，來扶植那些剛進公司接受培訓的新職員。

因此，需要訂出一個目標：「付出比薪水多出十倍的努力。」要努力幫公司賺進比自己年收入多十倍的利益才行。

如果自己「付出了薪水十倍的努力」之後，還得不到公司的正確評價，也就說明這個公司有問題了。那時，也就是你該離開這家公司另謀出路的時候了。

如果你還是認為「自己至少比別人多付出了一些努力，但受不到公平的待遇，所以內心憤憤不平」的話，就說明你還需要提高自己對工作的認識。你一定要徹底改變自己的想法、更努力，讓業績遠遠高於別人，最好付出比現在多五倍或十倍的努力。

付出薪水十倍的努力，經過一年、兩年、三年之後，如果完全得不到任何成果的話，恐怕此處便不是久留之地了。屆時辭職，到別的地方另求發展即可。

一般來說，當人們付出了比別人多一點二倍的努力，卻只拿到一點一倍的獎金時，就會感到沒有受到公平的待遇。可能你沒想過，就是因為有了這種窄小的想法和短見，所以才無法獲得更大的收穫。

不要只為個人去做工作，不能只為了自己的生活去工作。要知道整個公司裡有許多不直接創造利潤的部門，為了維持整個公司的收支平衡，處於創造利潤部門的人，就要擔負起責任，比別人多付出好幾倍的努力。

換句話說，「做一個在工作上被需要的人」，而不要成為別人的包袱。你要變得更堅強，帶領別人積極地開展工作，做一個能夠給大家帶來希望的人。

所以，不要只考慮個人的私利。因為有你存在，就會給周圍的人好的影響，你應該立下雄心壯志，以一個人付出的努力，創造利潤改善大家的生活。

當內心產生了如此偉大的光明思想之後，自己才能開始發光發亮，周圍的人們也因此感受到溫暖的陽光。反之，如果只想著獨善其身，只想自己好的話，社會裡的陰暗角落將無法消失，不幸的人也不會減少。

如果每個人都能發出十倍的光芒，整個世界必會變得光明。

因此，如果你正背負著眾人的期待，就以「付出多十倍的努力」為信條做努力吧！「付出多十倍的努力」，不是指多十倍的時間來工作。因為一天只有二十四小時，不會增加或減少。所以，重點在於工作的內容。

扼要來說，除了需要抓住工作的重點之外，更需要「提高工作效率」，需要注重效率與合理性的精神，以及在發揮創意上多下工夫。

4・發揮個性

以上講述了「尊敬上司、關愛部下」和「付出薪水十倍的努力」的觀點。接下來還有一個觀點要強調，那就是要「發揮自己的個性」。

人如果置身於一個比較大的團體時，特別容易把自己的個性隱藏起來，有些人會因此抱怨自己懷才不遇。若又採取對上迎合和對下安撫的應對模式，久而久之，多會讓自己成了一個扼殺自我主張、沒有個性的人。

做為人，生存於世間，為了不虛度年華，找尋最適合自己的生存之道，除了「發揮自己的個性」以外，別無他路可走。

那麼，如何才能將自己的個性發揮出來呢？人與人的個性千差萬別，在一個團隊裡，如果各自發揮不同的個性，便很容易會產生許多摩擦和衝突，變得難以相處。強勢者有「壓人」的傾向，而使得組織內部的氣氛變得不融洽。不過這不能說是誰對誰錯的問題了，所謂的菁英份子總是比較佔優勢。

在這裡，我傳授各位一個發揮個性的好方法，即「將業績累積到足以承受住別人的批判」。想要做到無中生有、接二連三地批判別人，其實也不是一件容易事。如果你真的對公司做出了貢獻，要想無視這些貢獻而百般刁難你，這也是很困難的。

一般情況下多半是自以為「自己對公司貢獻很大」，事實上卻並非如此，一切只是自吹自擂罷了。

想要發揮自己的個性，不想成為沒有個性的人，就需要創下相當的業績。這必須是紮紮實實的成績，任何人見了都不得不稱讚。

應該在這樣的業績基礎上去發揮個性，如果沒有做出什麼能說服人的事而只要求顯露自己的個性，這樣反會導致自己錯誤頻頻。

工作要做得腳踏實地，無論是在公司，還是政府機關或民間團體，要能夠做出令人刮目相看的成績，在累積了成功經驗之基礎上，才能算是真正發揮出自己的個性。

在這個層面上，還有一個觀點要說明，即要抱持「安靜地發揮個性」。這就是說，要讓心中的火苗一點一滴地在體內燃燒，靜待時機成熟，積蓄能量，要相信總有一天自己能夠成為一道閃耀的光芒。

如果一開始，就不分青紅皂白地讓個性燃燒得太旺盛的話，或許周遭的人會感到相當的困擾。剛開始時需要控制火勢，以小小的火苗去累積成功的經驗。當人們看到了你的努力之後，並對你的個性有所認可時，便可逐漸增強火勢。

久而久之，在周遭的人不知不覺之時，你已經以自己的個性建立了自己的工作風格，並能很自然地得到他人的承認。

如此，安靜地發揮自己的個性，逐步創出自己的前進節奏。這是重點，請不要忘記。

要特別注意，有些人容易新官上任三把火，小心不要太過於剛愎自用，不妨先仔細研究前任的做法，多聽周遭的意見，如此安靜地進入狀況。

總而言之，「先要靜靜地點燃火種，之後才會有烈火熊燃」。

5．創意精神

接下來講述「創意精神」的重要性。

這個話題並不難懂，但在現實當中，不管是什麼工作，任職久後便會漸漸感到枯燥乏味了，這也是人之常情。新工作開始時總是興致勃勃，但一、兩年後都變成了例行公事，興趣也隨之淡漠下來了。

即使過了一、兩年，在周遭的人喪失了新鮮感而怠惰，開始熱衷於工作外的事情之時，只有你堅持職守，經常努力創新，那麼，你就會成為組織裡不可或缺的重要人才。

因為，經常立意創新，便可以使很多困難迎刃而解。與保持這種精神態度的人一起工作，身邊的同事就會像打了一劑強心針一樣，精神振奮地工作。

持有創意精神的人，身旁的人們自然也會在耳濡目染之下而勤奮起來。常言道：「近朱者赤，近墨者黑。」所謂創意，是可以意外地在日常生活中發揮出來的，但卻不能指望別人告訴你其方法，只能自己去摸索。

就拿因為「工作效率差」而苦惱的人來說吧！如果從別人的立場來看，其原因有可能只是因為「整理資料的方法不好」。

例如，把尚未整理的資料和已經整理的資料放在一起的話，當然在處理資料時就會多浪費一些時間。所以只要「把尚未處理的資料和已經處理過的資料分別存放」，就能產生高效率。

再者，「講電話的時間太長」也會影響工作效率，學會抓住重點和要領講電話，便可以省下不少的時間。

此外，工作的先後順序也相當重要，需要依輕重緩急安排工作。遇到了問題，除了普通的解決方法之外，還要用心想想是否還有其它不同的解決方法。

在此同時，還需要在有關自己的工作方面加強學習和汲取新知。以及，不要只管自己的事「自掃門前雪」，還要多學習別人的經驗。

過去我在商界工作也見過各種各樣的人，那種一心只埋頭於自己工作上的人，不是什麼特別優秀的人。只有能在別人說話或是打電話時，也豎起耳朵，把別人講電話的內容給聽進去的話，才有機會成為一個優秀的人才。

不能「只關心自己份內的工作」，還要「多觀察別人的工作態度，多聽聽別人的說話方式，隨時隨地搜集各式各樣的情報，如果發現有值得自己學習的地方，就要取人之長」。

別人在講電話的時候，如果聽到對方說話的方式相當高明的話，就要馬上學起來才行。如此一來，才有辦法成為一個出類拔萃的人。

此外，還要見賢思齊，學習別人如何做出判斷和構思，取人之長，補己之短。如此努力下去，自會形成一個自己獨特的風格來。

需要付出「耳聞目睹、多看多聽」的努力，眼睛有一雙，它不是只用在看自己桌子上的工作就好了，還應該關注別人；人的耳朵也是為了聽別人說話才有的。

如此，經常發揮創意精神，在提高工作效率上做努力是很重要的。

最後做一點補充說明，即，自己的上司究竟怎樣想？又應該如何為了協助上司做些什麼努力呢？

對此應該時時用心，並站在上司的立場上去體察，才能發現上司究竟在哪些方面需要協助，這也屬於在發揮創意精神上要做的努力。

6・昇華自我的人生觀

接下來，我想講述有關「如何提高人生觀」的問題。

雖然我非常強烈希望各位均能在商場上獲得成功，但並非要大家成為工作狂，我不是在主張「除了有工作之外，什麼都可以忽視」。

我不希望各位成為「非常會做工作，但在做人方面沒水準」的人。我不希望別人在看到各位時，馬上轉身掉頭就走，雖然不否認你有工作能力，但卻不想和你有任何瓜葛。

因此，若以「只想在工作上做個有用的人」此態度去對待工作的話，本身在想法上就還存在著問題。商場亦是累積人生經驗的場所，同時，也是向人傳達真理的場所。

透過許許多多的言談，人與人之間互相影響著。有時，某個人的存在會給他人帶來某種程度的影響，某個人的話語能夠引導人們走向不同的方向。

正因為如此，我們的眼裡就不應該只有工作，還應該學習如何做人，透過工作職場學習人生哲學。

看到了比自己優秀的人之後，努力學習他人的長處，這是一件非常美好的事情。就算遇到了不如自己的人，如果他身上有一些優點的話，還是要虛心受教。此外，倘若遇到了一個常常失敗的人，也可以學習其「失敗的原因究竟在哪裡？」從別人的失敗中記取教訓，這也是難得的學習機會。

商場上還有另一重要的學習環節，即「學會觀察形形色色的人」。在商業界裡，你會發現「各種三教九流的人」，從這些人的身上究竟可以學到什麼呢？如果認識並瞭解到了「世界上有些什麼樣的人，又各自有著怎樣的性格」的話，這本身就足以形成自己的力量。

重點在於可以透過工作的往來與各種人交流，從他們的身上學到許多不同的人生經驗。尤其可以從中了解清楚「人的基本類型是什麼」，當自己能夠分辨出「某種類型的人可能會具有某些想法」之時，這本身就已在你的知識寶庫中增加了「經驗」，可以繼續並從中做深入地學習。

這樣深奧的學問是沒有限度的，深入地鑽研，可促使自己人品不斷的成長。「工作能力強」並不代表一切，從某種意義上講，應該激發自己進取的意欲，「在工作的同時，也要努力地做好人生修行，提高人生觀」。持此心念過生活，才會使人生更美好。

7．皈依崇高的精神

介紹了這麼多商業成功法則之後，接下來還想給願意相信我所說的話，並且漸漸嶄露頭角的上班族朋友們一個建議。

當各位認為「自己在工作上可以獨當一面」的時候，要特別留意不要掉進陷阱裡頭才好。也就是說，當你發現「自己可以掌握別人的想法，做起事情來得心應手」的時候，反而要比平常更加小心謹慎才行。

這又是什麼原因呢？其實就只是「滿招損，謙受益」的道理而已。也就是說，自己處在這個小小的社會中，就像「井底之蛙」一般，根本不知道外面的世界有多麼寬廣。

世界真的很大，人世間真的很寬廣，更不用說是無邊無際的宇宙了！各位又怎麼可以陶醉於在商場上小小的勝利呢？應該要從這種得意自滿的情緒中抽離出來才行。偶爾也要抬頭仰望星空，好好思考一下廣大宇宙的神奇奧秘之處，確實體悟無邊宇宙之運行法則。

「人類究竟為什麼而生？又究竟為什麼而死？無數的前人所汲汲營營追求的東西，到底又是什麼？自己的一生也終將會走到盡頭，回顧此生，又有什麼意義呢？」希望各位可以深入地思考我所提出來的這些問題。

職場上所接觸到的人，既然有和自己合得來的，當然也會有和自己不合的吧！不過，請各位一定要有一個深切的體悟，「大家既然都是宇宙船地球號的同班同學，就應該捐棄成見，相親相愛、同舟共濟」。

我在此想向各位提出一個請求，這就是希望各位不要忘記「對崇高精神要表達敬意」。尤其是當職位越高之時，需要受你照顧的人越來越多的時候，你更不能忘記應該「皈依崇高的精神」，這是對超越了人類智慧之境界的皈依。

在自認為無所不能之時，應該認識到，有如佛如神那樣崇高意識的存在，在這巨大的力量面前，自己只是微不足道的存在。

若從另外一面來說，就是不要忘記謙虛的精神。攀登得越高，就應該要越謙虛；越是接近了崇高的精神境界，就越應該捨棄我執，做謙卑之人。

當設定的目標逐一實現之時，就當立定更遠大的目標，在挑戰自我的極限中，實際感受宇宙之無限。

「自己接受著莫大的恩賜，在萬物和大宇宙意識的護佑下，自己才能獲得成長」，若忽視了這樣的觀點，在商業界是無法獲得真正的成功的。

只是有了些數字上的結果，還不能稱得上是真正的成功。即使業績做得如何好，你總有一天也會從商場消失。那時，你究竟留下了些什麼呢？

你的存在到底又有什麼意義呢？如果沒有自己，地球是否就不轉了呢？請不要忘記這樣的觀點。

讓心中常秉持崇高的精神，予以實踐並付諸行動，這種謙虛的精神難能可貴。以這樣的心態去創造業績，便可以獲得真正的成功。

8．留下精神遺產

最後我想再補充一個重點，這就是無論站在什麼樣的立場，無論是怎樣的職業，無論處於任何工作環境，無論獲得了多麼高的地位，都不要忘記「留下精神遺產」。

人走完一生，就必會留下一些心靈足跡，人生旅途上的紀錄都會刻畫入心靈的記憶。「在人生中，究竟能為人們留下什麼呢？」這是應該回顧思考的問題。

如果能夠回顧反省，就應該會發現有幾個、幾十個甚至幾百個錯誤，看到一個不斷地重蹈覆轍、屢屢犯錯的自己，任何人都能發現自己愚昧的一面。

當發現了自己的愚昧之處，即使是一、兩個也好，都應該盡力去糾正。愚昧的自己，不是應該在能夠為他人留下某些遺產上做努力嗎？這個遺產最好是精神性的；在他人心中留下一些覺悟和美好的言語吧！

有時自己是別人的上司，有時自己是別人的部下，無論立場如何，在與人接觸和交往當中，別人是否會對你說：「與你在一起真好」、「今生很榮幸能遇到你」、或「能在你的手下工作真是幸運」、「做你的上司感到榮幸」。

如果沒有留下這樣的精神遺產，草率虛度人生，其結局是非常空虛的。希望各位只要有機會，就應該施愛他人，為他人留下有如清爽的春風，飄過悟香般的記憶。

在工作上與人接觸的機會雖然有限，但透過體貼的眼神讓人感受到你的誠意；或是在別人傷心難過時，仔細聆聽他人的煩惱，給予適當的安慰；或是偶爾給別人一個小小的鼓勵等，有時需要付出這樣的努力。

讓人覺得「因為有了你，一切都變得美好」，應該努力為人們留下一些精神遺產。我堅信，這樣的努力，一定可以引導你走向成功之康莊大道。

第五章

經濟繁榮之道

第五章　經濟繁榮之道

1．經濟活動的意義

本章將以經濟活動為焦點和各位探討。

首先，請各位想一想何謂經濟活動？自從貨幣經濟開始以來，雖然其歷史並不悠久，不過，在還沒有開始貨幣經濟之前，應該也有一些可以替代的東西，以用來進行經濟活動吧！

經濟活動之所以會發生的原因，不外乎在於「對一個人付出一整天的勞動所產生的價值，如何評價、儲存和交換」等問題之中。

在此我並不想探討遠古的勞動價值理論，而是想說明，在經濟活動的基礎之上，人的有意識運作與非意識下的各種運作，另具有其一定的客觀性價值產生，這是非常重要的一環。如果主觀性的活動沒有產生客觀性的價值，那就不能成為經濟活動；經濟活動未必隨著人的主觀意識而轉移。

譬如，到河邊釣魚一事，也有可能成為一種經濟活動。釣到幾尾魚之後，可以拿到市場上賣錢，即便不賣也可以留下來自己吃。這樣來看，這件事具有一定的經濟效果。

因為，即使不打算把魚當成晚餐的菜餚，也可以用賣來的錢去買其它東西，或作為儲蓄，因此產生了價值。但若單從主觀意願去做事的話，結果就未必了。

譬如，某個人很喜歡看螞蟻或蚯蚓，就算他一整天都盯著螞蟻或蚯蚓看，也無法構成經濟活動。

不過如果大量養殖蚯蚓的話，就有可能產生經濟價值。因為大量養殖蚯蚓之後，土地會因此而變得肥沃，繁衍出來的蚯蚓也可以用來當中藥材使用。

如上所述，即使從表面上看來並沒有價值的事情，也可能產生出某些價值來。

那麼，經濟活動的意義究竟為何呢？

關鍵在於「某人認識到了某些經濟價值之後，以此為基礎付諸行動。這個經濟活動是否能成立，要看他人是否亦能認同此活動具有價值性。」

雖然不一定都要有貨幣交易，才能稱為經濟活動，不過卻一定要伴隨著「讓別人也同樣感到價值存在」，在如此客觀尺度之下才能成立；這是經濟活動的根本。

譬如，在愛斯基摩人的世界裡，即使沒有貨幣，只要手上有一頭海豹的肉或皮毛，就可以用來交換其他的物品。一頭海豹的肉或皮毛，可以運用在許多方面，除了可以自己留下來使用之外，也可以讓他人使用；這也可以說具有客觀性之經濟價值。

因此，經濟活動之根本，即「人在世上的各種活動，能夠產生某些客觀性的價值」；這是至關重要的事。

2. 如何定義價值

「價值」究竟指什麼呢？我認為，可以從其兩個起源來探討。

第一：「從事情的進展過程中，可發現價值存在。」

譬如，可口美味的水果，其本身就有價值、具有存在意義；同樣，乳牛能產牛奶，所以乳牛是有價值的；母雞因為可以下蛋，所以雞與蛋都具有價值。

因此，某些事物之存在，在一開始就具有了某種程度的價值。

然而，還有一些是因為人的認同而產生出了價值。

譬如，鑽石是有價值的；如果單從實用性上來看的話，一把剪刀或縫紉工具等比鑽石來得有用；但從價值角度來看，鑽石的價值要遠遠高出這些實用工具。

那麼，究竟是什麼理由讓人如此認為呢？那是因為人類賦予鑽石的價值，遠遠勝於鑽石本身的價值。鑽石的價值產生，是人類的行為結果。

其「發現價值」來自於兩方面；第一是「美觀」；第二是「稀少」，即物以稀為貴。

如果鑽石像河邊的石子一樣，滿地皆是的話，還會有什麼價值可言呢？又有誰會珍惜呢？

如果到處都是鑽石的話，就會成為很煞風景的事了；說不定就連鑽石璀璨耀眼的光芒，都會被人們嫌棄地說「太過刺眼了」呢！

因此，鑽石之所以能夠成為鑽石，除了本身的美麗之外，很重要的一點就是其稀有性。這和雞蛋或牛奶等東西之不同，在於鑽石並不是伴隨著本身價值而高貴，而是由於受到人們青睞的關係。

綜上所述，不管是雞蛋也好、鑽石也好，不可否認的是都有其「存在價值」。其差別只在於，其存在本身就受到人們的價值認同，或是因為得到了人們的認同而有了價值。

此外，還可以列舉另一種價值來討論；即透過加工之後，所產生的「附加價值」。

譬如，原本是一塊普通的鐵，如果稍微加工過的話，便可以產生出價值來；或者把絲線織成布匹之後，價值就會得到提升。這是因為經過加工之後，物品的使用也會隨著發生變化的原因。

對於變化的認同而產生價值，這是其價值產生的原因。這不是因人們的喜好而產生的價值，而是因有了人的加工而創造出的價格。

總之，如果用別的詞來定義「價值」，或許可以說是「喚起人們的需求東西」、「被人需要而產生的東西」，或「讓許多人愛不釋手的東西」。

3．附加價值的替代品

在經濟世界裡，常常會使用到「附加價值」這一個詞彙。所謂的附加價值，簡單來說，就是「添加了一些其他的因素，進而其價值將有所增加」。其實，附加價值在發展的經濟中，具有重大的意義。

譬如，人們穿的純棉衣服，若在上面加一些刺繡的話，其價格就可以翻倍。再增加一些設計的話，其價格還可以更高；若有了人氣的話，價格還會繼續提升。

有位評論家曾這樣說：「今後『知價』時代將會到來，只要把知識產權性的東西注入商品，就會提高其價值。」並列舉了最具「知價」的意義的「名牌」商品。

拿領帶的例子來說，每條領帶原材料的價格相差雖然不大，卻會因品牌不同而使售價懸殊。只要加上GUCCI或愛馬仕（HERMES）等商標，其售價就能提高。

這種現象，就是那位評論家所提出的「在商品中注入知識產權，便可提高售價」之意。

針對「知價」這一部分，想向讀者提出一些我的見解。我並不認為只依靠「知識產權注入商品」的想法，就可以成為今後經濟活動的根本想法，我認為，今後知識的性質將會變得相當重要。

我覺得「知價」這一個詞彙，可以用「真理價值」這四個字來代替，「讓執掌宇宙的能量、法則，往發展、進化的方向上發揮，以產出智慧」，即是真理價值。

每個人都可以創造出價值，但有時在其價值產生之後，別人卻會因此而蒙受損失。

我們身邊的公害問題就是一例；對於某些公司或工廠來說，會討論如何降低成本的問題，但討論的結果卻是不負責任地排放污水，使海水和河川受到了嚴重的污染。雖然公司會因此節省了經費，創造出了價值，但其結果是給社會帶來了危害。

在企業經營中注入知識與智慧是好事，但最終取決於這知識與智慧的性質為何。

「以個人為主體的經濟活動來獲取利潤、提高地位及名聲。」這種歐美傾向的個人主義正在世上蔓延，然而其知識與智慧只停留在個人主義的階段上，因此，不能不說前景尚且黯淡。

知識與智慧應該用在促進全社會及全人類的進化方向上，這才是真正的附加價值、對人類有益的附加價值。換言之，這就是「烏托邦價值」；經濟活動能夠產生多少烏托邦價值，這個觀點極為重要。

一條名牌領帶，只能讓外表整潔美觀。但如果我們有了烏托邦價值觀念的話，此商品是否具有烏托邦價值則一目了然。

一本書的價錢是根據其印刷成本、紙張費用和宣傳廣告費等決定。但即使價錢相同的書籍，各自的內容卻是千差萬別的。若從烏托邦價值之觀點來看的話，那更是可能有如天壤之別。有些書籍能夠為人類的幸福做出貢獻，而有些書籍是危害人的；即使是價錢相同的書籍，從烏托邦價值觀點來看，就會相差十倍以上，甚至更為大。

我認為，應該從這樣的觀點上重新建立經濟學理論，即是在經濟學中，必須要探究替代附加價值的「真理價值」與「烏托邦價值」，宗教家和經濟學家攜手合作、共同研究的時代即將到來。

4．何謂經濟繁榮

在上述談到了各種價值的議題，採用了即使是沒有基礎的初學者，也簡單易懂的表達方式。

接下來，我想將價值的議題轉換到經濟繁榮的議題。

首先，我希望各位先想一想：「所謂的經濟繁榮究竟所指為何？」小至個人的經濟繁榮，大到公司或團體的經濟繁榮，在此之上，還有整個區域或國家，甚至各洲、全球的經濟繁榮。

但這經濟繁榮究竟是指什麼呢？各位是否思考過這樣的問題呢？

我認為，所謂的經濟繁榮應該包含以下兩個重點。

首先，若從非常科學性或自然的角度觀察的話，經濟繁榮即是指「在一定的時間和空間內，人和物的活動量增大」。

拿某個區域或某個團體的情況來說，所謂經濟繁榮，即「在一定的時間和空間內，人的活動和物流的變化非常激烈」。這是從自然觀察的角度所見的經濟繁榮。

換言之，這就是指「人與物之間的交流非常頻繁」，並且「用來作為交換條件的貨幣，也展開了頻繁的交換活動」。因此，「人」、「物」、「錢」三者出現了流動。

對於當今的經濟繁榮來說，還需加入「情報」的要素。當「人」、「物」、「錢」、「情報」這四要素以極快的速度運轉時，就可以說，這是處於經濟繁榮的狀態了。

如果要對這種經濟繁榮的狀態再下一個定義的話，即「作為整個經濟活動主體的人們，他們的狀態是在工作上有很高的成就感，並對將來充滿了希望」。

這種「經濟主體，能夠感受到工作的意義，對將來抱有希望」的狀態，便是經濟繁榮的狀態。「商機增多、發展性增大、經濟效益擴大、未來大有希望」的狀態，就可以說是經濟繁榮的狀態了。

以上做了兩種定義：一個是從外界自然觀察的繁榮，一個是從內在的「人」的立場呈現出來的繁榮。

上述兩種定義的「繁榮」，最終又是指什麼呢？如果認識到了「人轉生來到世間，在渡過短短數十載人生後，終歸要離世而去」之實相，所謂繁榮，即是「世間生命發出光輝之時，在有生之年讓自己的生命散發光芒的狀態」；即是「靈魂極為喜悅之時，將『深刻感受』和『躍動成長經驗』之價值烙印在心靈深處之時。」

我認為，這就是經濟繁榮之狀態。

5．繁榮吸引繁榮

在為經濟繁榮做出定義之後，接下來講述一下經濟繁榮的法則。經濟繁榮的法則，一言以敝之，即「繁榮吸引繁榮」。

當一項事業開始走向成功之時，其他一切也會隨之好轉，「人」、「物」、「錢」、「情報」等均會獲得發展。在那裡工作的人會非常有成就感並樂在其中，這就是「繁榮吸引繁榮」的現象。

在一個組織裡面，如果有一個人在工作時散發出活力，其他人也會受到感染而熱心地投入工作；這可以使整個組織朝氣蓬勃，加入的人也不斷增加相同的活力，這良性循環可促使組織走向發展。

對於「繁榮吸引繁榮」的法則，也可以說成是「財富吸引財富」。

我認為，財富有三種。

第一種財富是金錢上的財富；

第二種財富是知識與智慧上的財富；也可以說是「睿智」。具有創造力的知識與智慧，即是一種財富。

第三種財富是人力資源的財富；「眾人攜手投入工作」即等於「擁有許多人力資源的財富」。

如上所述，財富中包括著「金錢」、「知識」和「人才」這三種要素。若這三種要素運用得當，並且發揮相輔相成效果，就是所謂「繁榮吸引繁榮」的意思。

為了達到經濟繁榮的狀態，首先運用這三種要素之中的某一種，或者，再搭配其中一種，最後的目標是將三種要素結合，發揮出最大的功效。

譬如，擁有許多金錢之人，便可以運用金錢的力量去聘用許多優秀的人才，並且以金錢的力量為後盾，吸收許多的祕訣、有用的智慧，在此提到的智慧，當然也包括情報。

如此一來，繁榮應該會堅如磐石。與此相反，就算把「金錢」放一邊，擁有其它要素的話，一樣可以產生經濟繁榮的效果。

如果有了智慧，再擁有知識，有時會產生出新的事業來。在這個世界上許許多多的事業，一開始就是由人的頭腦中所想出來的，這即是智慧的創造，或是說一種創意吧！

如果創意夠好，一定會有人們來協助、有資金跟隨而來。如果是眾人真正所需要的事業，資金必會隨之而來。也就是說，將智慧做為資產的話，所謂繁榮的現象也會更加穩固。

此外，擁有優秀的人才，是能讓經濟得以繁榮的，也可以這麼說，「事業草創之時，只要擁有優秀人才，就沒有做不成的事」。也會有就算沒錢、沒知識，只要有優秀的人才集合起來，必定能開創一番事業來；這即是商界常說的：「上班族想要獨立創業成功的條件之一，即是擁有優秀的人才。」

在變動快速的現代社會裡，想要轉換工作跑道的人還真是不少，其中的成功、失敗會因人而異。依我看，在辭掉工作後，創業成功的人，多數是曾經在上班族時代，便有過出色的表現。多數案例在表示著，曾在某個行業中獲得過成功的人，即便是到了另一個行業也會獲得成功。

這是因為有「曾在某個行業中已經成功過」的自信，也是「雖然是另一行業的成就，但其人擁有相應的實力，可獲得周邊人們的認同」。

就算在新的領域裡完全是個外行人，資金不足，但只要在事業核心的人們相當優秀，且曾在其他行業中嶄露頭角的話，也有相當高的可行性，能讓新事業得以成功。

因此，「從完全不同的業界中，聘用優秀的人來獲得成功」是可行的。

據說，某一家大型補習班之所以會如此成功的主要原因，即是「因為起用了證券公司的人才」。即便在完全不同的行業中，如同科學反應一般，聘用曾在業界大放異彩的優秀人，有時會產生意想不到的絕佳結果。

以上說明了繁榮的重點，希望各位讀者們對「資金」、「知識、創意」和「人才」這三種要素能仔細地理解。

如果能三種兼備，則會如虎添翼，若擁有著其中一個要素的話，也能把它轉化為成功之起因。

6．何謂真正的繁榮

接下來，想和各位談一談「究竟什麼是真正的繁榮」？

我對繁榮所做的定義，是「在一定的時空之中，若『人』、『物』、『錢』、『情報』得到良好的運作，即可使工作環境活躍起來」，或是「該團隊的人，很有幹勁、充滿希望」的狀態。

以下將換一個角度，重新對「真正的經濟繁榮」的意思加以考慮，並從「人」的出發點來思考此問題。

想要經營一個成功的事業，獲得真正的成功，必須要具備什麼條件呢？我認為，真正的繁榮，必須具備以下四個條件。

第一，是「世人認同此人的成功」，並非僅是自吹自擂「自己是成功的人，已獲得了繁榮」，而是必須要透過客觀指標來得到多數人的認同。

當局者迷，旁觀者清，我希望各位的成功，也能得到他人的認同。

我為什麼要提出這個基準呢？這是因為人們所給予的評價，是自有其道理的，絕對不是膚淺的「世俗評價」。

譬如，黑社會以霸道方式做出的事，世人是不會認同它是「繁榮」的；用「炒作地皮」等方法來獲得了巨大的利潤，世人也不會認同此為真正的繁榮和成功。靠貪污而成為有錢人，更不可能說是成功；又或者是把別人踩在腳下而出人頭地，將會得到社會嚴厲的批評；這些並非真正的繁榮。

然而，我所提及的「受到世人們的認同」，並非指世俗性的評價，而是說我們應該具備的狀態，需要得到具有常識的人們給予「成功」的認同，這才是重要的。

真正繁榮的第二個條件，是站在主觀的立場來看「此人獲得了人格上的成長」。要保持繁榮的狀態，有一個前提便是在其過程中「其人格也在持續地成長」。

如果公司的規模日漸擴大，而老闆的思維卻總停留在之前的小公司經營模式上，那麼，有一天公司必會面臨危機。因此，隨著經濟規模的發展，公司核心的人們也必須要擴大其器量，成為更出色的人。

我想，真正的繁榮的第三個條件，即是「此人擁有社會影響力」。

所謂的繁榮，不可以只是「藏寶箱裡的一堆金銀財寶」而已，而是要運用這些財富，或運用社會名聲、業界的知名度等，增加自身對於世人的影響力，這樣才能達到真正的繁榮。

僅是累積金錢、累積存簿上的數字，還不能說有了真正的繁榮。如果獲得了相當大的財富，重要的就是擁有與其相應的影響力。

真正繁榮的第四個條件，即是「經營一個讓自己不會後悔的人生」。即便獲得了再多的利潤，如果無法從中感受到人生的真正價值，就不能把它稱之為真正的繁榮。假如有一天，你發現前所未有的新工作、且會讓經濟力提高的商機，但若你的靈魂傾向不適合的話，終究你是不會獲得真正的繁榮的。

譬如，有一個追求高尚精神價值的人，如果為了追求利益而違背自己的良心，去從事投機取巧的工作，到頭來，此人的人生將會變得很空虛！

每個人的靈魂有各自的傾向，靈魂中有著宗教或哲學傾向的人，通常比較不適合從事投機的工作，即便在完全不適合自己的領域中有了一些成績，但要繼續做下去的話，將會形成一種莫大的痛苦。

「在適合自己的風格方向上獲得成功」，這才是活出不悔之人生的前提。

正如達到真正繁榮的第四個條件一樣，不要做出會讓此生後悔的事情來。換句話說，找尋工作方向時，要以能積極的提升靈魂進化為目標。

如果你現在尚未找到適合自己的方向，就有必要轉換到前往適合自己的方向去。先以經濟成功為基礎，養精蓄銳，等待時機成熟後，再勇往直前；這才是明智之舉。

以上，就是我所提出來的四個繁榮的條件。

第六章 發展性思考

第六章　發展性思考

1．想與念的不可思議

本章將針對「人心作用之一的『思考』扮演著什麼樣的角色？」這個問題來做研究。事實上，此研究在現代成功哲學中，佔著相當重要的份量。

首先，我想論述「『想、念』的不可思議」。

各位知道「想念」這詞的意思嗎？如果把兩個字拆開來談的話，「想」的意思是「在一定程度空間內擴展的思考」；「念」即是「集中在一點之上的思考」。

因此，「想、念」這兩個字，也可以說成是「有一定廣度但固定於一個方向上的思考」。

用「人生設計」這個詞語來說明或許比較貼切一些；所謂的人生設計就是「將來自己想要這樣過日子」，或者是「對未來有著如此的願景」。當這種願景並不只是一時興起，而是每天每日都放在心上時，這樣的想念漸漸就會變成一種力量。

大多數人雖活在人世間，卻對真正「想念」的威力一無所知。事實上，人類的「想念」有著非常強大的威力，甚至可以說有著物理上的力量。

對於這個「想念」的力量，正好可以用「設計」這個詞來解釋。建造房屋之前要先畫好設計圖，如果少了設計圖的話，房屋恐怕也就難以建成。同理，「想念」正扮演著開創人生設計圖的角色。

而「想念」不單單只是設計圖，還可發揮巨大的作用。從畫設計圖的階段開始，「想念」先是一張藍圖，接下來得估計費用，並且募集許多建築工人、籌措建房資金，於是「想念」不斷地發揮力量，讓房子能如設計圖一樣一步步的建造出來。

從這個意義上，「『想念』就像是父母生小孩一樣，當人們開始有了『想念』之後，就會漸漸成形。」這是一種創造的力量。

因為「想念」是看不見、聽不到的，所以許多人無法見其本來面目。但是，這種從內心發出的意象，其實漂浮在空中，並在全世界迴圈馳騁。

如果以靈視來看，世上存在著許多「想念」的漩渦。各類不同的人所發出來的「想念」到處飄散，也可以說「想念與想念之間正在互相作用中」。

再拿之前蓋房子的例子來說明。

有個人畫了房屋設計圖；一個人正巧路過，看見攤開著的設計圖。路人一下子便被設計圖吸引住了，開口道：「這個房屋真棒！真想親眼見見。」

接著，路人就把朋友們找了過來。來的人當中既有有錢的朋友，也有認識木匠的朋友等。路人建議道：「有了這樣的設計圖，我想要蓋這樣的房子，大家意下如何？要不要幫這個忙？」

於是，有錢的朋友回答說：「建造房屋的費用方面，我可以出一半，不夠的部分，我可以用我的信用向銀行貸款，包在我身上。」另一個朋友說：「我剛好認識一個技術很好的木匠，我現在馬上和他聯絡，應該這個月內就可以開始動工。」

一切就緒之後，路人突然想起：「這張設計圖是誰畫的啊？」

路人拜訪了設計圖的主人後，方才得知：「是個沒錢但充滿夢想的年輕人畫了這張設計圖。」路人對年輕人說：「原來這張設計圖是你畫的啊！我認為你前途看好。好！我願意幫助你，我會按照這張設計圖，幫你建造出夢想中的房子。」

以上雖是用比喻的方式進行了講述，卻是實際上發生過的事情。

也許在日常生活中難以發現，但「守護靈」和「指導靈」是真實存在的，他們常常挖空心思，想給大家一些指導。

因此，各位心中所強烈描繪的景象，在四次元以上的世界裡，是會有人向你伸出援手的。

或許有人覺得這種說法相當不可思議，那我就用另一種講法來描述。就算不觸及到靈魂世界的話題，在世間也有可能發生這種事情。

如果有個人只是籠統地說「我想要蓋一棟房子」，是沒有人會想要助他一臂之力的。

不過，如果此人可以很明確的描繪出「我想在大約幾坪的土地上，建造出什麼樣子的房屋，而且已打算好用來做什麼」，並且經常把這些話語掛在嘴邊的話，那會有什麼樣的結果呢？

可能有人會靠過來問：「為什麼要建造這棟房屋呢？」你可能接著回答：「其實，我想在這棟屋子裡編織這一種紡織品。」接下來那個人可能會說：「如果是這樣的話，那我就沒什麼興趣了。或許會有其他人來幫你吧！」說完後便離開了。

接著又來了一個人，這個人對紡織品相當感興趣，於是便開口問道：「你會織波斯地毯嗎？」你就回答說：「是的，我很想要嘗試看看。」

於是，此人就說：「這真是太好了！波斯地毯織好了以後，一定要分一些給我。好，我就助你一臂之力吧！」話說畢，他又會和另一個人提起這件事。

如此一來，藉由許多人的幫助，事情漸漸開始有了眉目。

即便是在此世，也存在一個事實，即「有著具體目標的人，容易得到他人的幫助」。這是因為其堅定不移的意念，感動了他人。所以，我希望各位能夠明確地認識到「想念」的威力。

2・想念的具體化

接下來和各位論述關於「想念的具體化」。

這算是一門相當不容易的技術；雖然心中經常會浮現籠統的希望，但是要將其變為具體的形式產生結果，的確不是件容易的事，如果沒有經過一番訓練的話，很難讓它具體實現。

再拿上一節所舉的例子來看，就算興起了「想要建造房屋」的念頭，若心中馬上浮現出否定想法的話，過了一天、兩天，好不容易建立起來的「想念」，也會因為自己擔心「依現在的經濟狀況，根本就沒有能力可以蓋房子，也不可能會有人願意幫助自己」，而又化為泡影。

我要告訴各位一個讓想念具體化的最重要秘訣，那即是：「如果已經勾勒出一幅景象，就要持之以恆，在一定的時間內持續不斷地描繪。」

如果想要透過自己的想法、力量，試著在某年某月前達成某事，有時雖很難辦到，但此時不應給自己太大的壓力，只要心想「在一定的期間會達成」，並且心中持續維持著想念。

這樣一來，許多事情就會水到渠成。心中如果可以持續有著念頭，隨著時間的經過，與許多人相遇，自然就有許多成功的機會，久而久之，「想念」就會成真。

不過，如果「半途而廢」的話，好不容易勾勒出來的「想念」，離實現的一天就愈來愈遠了。

如果花費三年時間左右的時間，不斷描繪同一景象的話，就算途中會有一些變數，但最後終究還是會實現。

再把眼光放遠一點，如果可以花十年的時間持續描繪同一景象，應該沒有那種無法實現的東西吧？那是因為在繁榮的國家中，有許多人正在尋找可以幫忙的機會，借用這一些人的力量，沒有無法完成的事情。

就算只是一個平凡人，只要在十年的時間中持續描繪的話，不管是要做什麼事業也好，建造房屋也好，或是留下一些不朽的傑作也好，可能性都是相當高的。

「想要讓想念具體化的話，就必須要在一定時間內持續地描繪。」希望各位能夠牢記這個道理。

如果不這樣做的話，就會像電線杆上的廣告傳單通通都被撕下來一樣，縱使偶爾有願意幫忙的人從電線杆旁經過，他們也弄不清楚究竟該如何提供協助。

「找房子」或是「求職」的紅紙只要被貼在電線桿上，總是有機會吸引人們的目光。但如果把紅紙撕下來的話，就一點機會也沒有了。

希望各位可以好好思考「持續」的意義。

3．積極想像的力量

前面和各位論述過了「想念的不可思議」以及「想念的具體化」。

接下來，我還想再提出一些看法，那即是「想念如果不是積極性的話，人就不可能會得到幸福」。

換言之，也有所謂否定的想念，或者是消極的想念，亦或是自我破壞的想念；這些有部分是由過去的經驗所導致。

有很多人常常會在心裡描繪著不幸的意象，把這些人加起來的話，恐怕超過全人類總數的一半吧！有時說不定還超過三分之二！

這些人通常會有一個共通點，就是「心裡殘留著過去的傷痕」。他們過去曾經遭遇到失敗、挫折，之後就覺得自己不管再怎麼努力也是同樣的結果。即使是完全不同的立場，面對著完全不同的對象，也總是覺得會出現同樣的失敗。

這就好比曾經被公司解雇的人，就算換了一個工作環境，也整天提心吊膽，擔心自己不曉得哪天又會丟掉工作。果不其然，沒過多久之後又被炒了魷魚。等再換到了一個新環境之後，同樣的情形又連二連三發生。

相反的，在某個職場上成功的人，到了另一個職場，一樣有辦法成功，這是一種良性的循環。

兩者之間的差別在哪裡呢？關鍵在於「心裡所描繪出來的意象，是積極的亦或是消極的」。

常常擔心自己是不是會生病的人，久而久之，就真的生病了。常常擔心自己是不是會遭到背叛的人，久而久之，就真的被人出賣了。

一個總在心裡描繪著灰暗意象的人，再怎麼努力也不容易成功。

我想對這一些人說，你的想法如此灰暗的原因，恐怕不只是因為過去曾經遭受到挫折吧？你現在也沒有什麼自信吧？

沒有自信的原因，不單只是精神上的問題，事實上，「健康狀況不佳」應該也是原因之一。

一個人如果健康狀況良好，每天一大早醒來就充滿活力的話，應該不太容易產生消極的想法。如果一個人產生了消極的想法，通常是「對工作感覺到厭倦、筋疲力盡、心情沉重、對什麼事都沒有興趣」的時候。

有鑑於此，為了經常保持心中的積極意象，重要的是做好健康管理。容易浮現出消極想念的人，首先要從注意身體健康開始做起，有著健康的生活習慣是一件非常重要的事情。

如果沒有做好健康管理，就算一開始活在「想念」的世界，但在不知不覺中，想法會逐漸朝向陰暗、消極的方向去。

陰暗的想法最終會招來失敗者；人心就像磁鐵一樣，也就是所謂的「物以類聚」。時常假想著失敗的人，總是會吸引一些也即將失敗的人。

然而，經常抱持著成功意念的人，就算有即將失敗的人靠過來，也會因為價值觀的不同，而感到自己不應該靠近而遠離。如此一來，就可以逃離這些「瘟神」的手掌心。

事業的成功與否，首先都是由人與人之間的相處開始。若不幸遭到了嚴重的挫敗，大部分都是因為識人不清的緣故。

由此可見，「持續有著積極肯定的意念」是一件非常重要的事情。有著積極肯定的意念，實際上是吸引到更多與自己有著同樣意念的主要原因。當身邊聚集了有著積極肯定意念的人，事業是不可能不成功的。

因此，想念的積極化、開朗化是比什麼都重要的。

為此，首先要「累積某種程度的成功體驗」才行。抱持著積極意念的同時，請試著去創造「小小的成功體驗」，即便在旁人看來是微不足道的「成功」也好。

打個比方來說，眼看協商在即，而「自己卻沒有一點自信」。此時，請下定決心「試著運用想念的力量」，積極的想像自己獲得成功的樣子，想像一下自己凱旋歸來的英姿。

如果在協商的一開始就抱持著「已經成功」的心情赴約，對方也會因為你充滿自信的表情而感到不可思議，並且覺得「像這樣這麼有魅力的人，拋開生意不說也想要和此人做個朋友」。

生意成功的秘訣，首先就在於要讓對方感興趣。如果能讓對方對自己感興趣，就等於是踏出了成功的第一步。換句話說，就是對方是否「願意試著和你交往，甚至是和你維持長久的關係」。

因此，如何發揮像磁鐵一樣的人格魅力，是非常重要的一件事，就是要「常常抱持積極的信念」。

之前提到，抱持積極意念的方法之一是「增強體力」；另一個方法就是

「每天每天，都要有新的發明、新的發現」。

經常訂出新的目標、經常有新發明之人的身旁，自然會飄散著積極的氛圍。「A方案如果行不通，就試試B，B若不行，就試試C。」對於這樣不斷採取新方法的人，就算再怎樣悲觀的人靠近，也絲毫不會有任何的影響。

對此，請各位多加思量。

4・發展性思考

在上一節論述了積極想像的力量，接下來我將繼續針對此主題做闡述。

「在心裡描繪出積極的意象之後，思考下一步應該怎麼做？」這即為所謂的「發展性思考」。

如果說「心中浮現出積極的意象」是屬於戰術層級的話，那麼，發展性思考就屬於戰略層級。

之所以說積極的意象屬於戰術層級，是因為它能夠在小場面發揮，也能運用在日常生活中。此外，在個人層級的領域裡，也非常容易被應用。

反之，做為戰略層級的發展性思考，就是運用在組織、單位中，或者是以社會、國家為單位進行思考。總而言之，所謂發展性思考即是：「不只是靠一個人的力量，而是利用眾人積極想念的力量。」

之前說過：「想念會產生力量。如果可以在一定的時間裡頭，持續有著同樣的想念的話，就有實現的可能。」如果持有這種想念的人不只一人，而是聚集五人、十人、一百人、甚至是一千人的想念的話，就會形成一股相當巨大的力量，發揮出非常驚人的能量。

在宗教的世界裡，這稱做為「信仰的力量」，這種信仰的力量也可運用在商場上。

若在商場上運用信仰力量的話，情景將如何呢？我想將會是「全體員工都擁有積極的意念、成功的意念」。

例如說，拜訪某間公司，有一個簡單的方法能夠判斷出這間公司是否會成功。那就是「每位員工的臉上是否充滿朝氣？辦公室是否充滿活力？大家是不是充滿希望？」

只要公司全體員工的心中都能充滿希望，這間公司就不可能不會成功。就算偶爾出現一、二個失敗者，靠著大家的笑容與信念也可以度過難關。

因此，發展性思考，在某種意義上也可視為「經營者的思考」。那即是「經營者如何將全體員工的光明意念、積極意念集結起來，並且運用在事業的發展上」。

換句話說，就是「提高員工的鬥志！」要怎樣做才能使員工提起勁工作呢？

這種發展性的思考，是一種可以讓全體員工的活力湧現，提高員工的工作欲望的方法。這種發展性思考中，有三個方法很關鍵。

第一，領導者提出的方案必須要非常大。當提出能滿足全體員工理想的方案時，就能夠提高員工們的士氣。

第二，在提案得以實現之前，必須訂下一個適當的期限。如果是十年後、二十年後的事，人們會有一種遙遙無期的感覺；但如果是一年或者是三年的話，大家或許就會比較感興趣。進而人們就會在可以確認成果的期間內，付出心力去達成。

第三，藉由獲得成果，必須讓發出成功意念的人獲得喜悅。即是「讓這種成功感覺，回歸到付出努力的人身上」。除了加薪和升職之外，也可以是「因為公司形象的提升而感到與有榮焉」。總之，不管是用什麼樣的形式，要將達成目標的喜悅，還原到提供想念的人身上。

由此可見，在一個組織團體裡面要如何管理想念的力量，是一件非常重要的事情。勾勒出意念任誰都做得到，這只是一瞬間的事，或者是一天的事。但是讓每個人能夠長期並持續地發出想念，並且將它聚集起來成為一股巨大的力量，是一件非常重要的事。

老闆如果充滿活力，再加上員工也能跟隨老闆腳步的話，這間公司的業績將會變得非常好，世事往往如此。

希望每位領導者都可以學習這種發展性思考。

5．光明回轉之秘法

前一章節說明了「發展性思考」之後，接下來想再換一個角度做論述。不可否認的，「發展性思考」是屬於一種直線形的想法。但是在現實人生、社會中遇到各式各樣的問題時，還是有必要去找出「逃離困境的方法」。

所謂的發展，未必都只是直線形的延伸，所以就算大家都幹勁十足，但對於「假若哪一天掉入陷阱時，該如何才能全身而退」的情況，也必須要好好的思索。

在這裡我想要提出一種「光明回轉」的方法，簡單來說，就是「將心思轉向光明，且瞬間轉換」的方法。

具體而言，該如何付諸實行呢？

舉個在工作上遇到了一些挫折的例子來說。會計部門中，因為下屬的過失而導致了大虧損，收支不平衡，出現了龐大的赤字。對此，主管應該會出現以下兩種反應吧！

其一，消極地把這次的失敗看成一種單純的失誤，然後「靜待情勢好轉」；或者是「將犯錯的部下開除或是降職」；這兩種反應應該都算是最簡單的思維方式吧！

不過，如果使用光明回轉的秘法，將會出現完全不同的想法。「如果將這一次的失敗當成是一個新的契機，事情會有什麼變化呢？如果能把此危機當作轉機，會有什麼樣的發展呢？」

首先，主管應該要好好想一想，對於把事情搞砸的部下，「要如何做才能讓此人在未來成為公司的戰力呢」？

開除一個人是件相當簡單的事情，將對方降職，讓對方陷入失意的谷底，也是一件簡單的事情。問題就在於就只有這兩種解決辦法嗎？當然，犯錯是絕對不被原諒的。但是今後要如何對待這個人，考驗著上司的判斷力。

如此一來，就必須要徹底瞭解這個部下的個性。

如果這個人自尊心很強，你又在眾人前訓斥他的話，那麼這個人一定會失去幹勁，不久後就提出辭呈了吧！

遇上一個自尊心很強的部下，或許應該採取這樣子的說話方式：「你怎麼會把事情搞成這樣呢？但我還是對你抱持著相當大的期待，你一定會把損失的部分給賺回來吧！我相信你能連本帶利的賺回來。」

說這一番話的主要目的，除了表明自己對部下的期待之外，進一步還能提高部下的鬥志。

此外，如果是一個不太講面子，且人家不教就不懂的人，那麼身為上司的你就要好好教育部下，仔細講解「為什麼會犯這種錯？為什麼會失敗呢？」避免部下重蹈覆轍，這一工作非常重要。

對於這種人，還可以對他說：「第二次失敗或許還可以被原諒，不過，如果再有第三次的話就不可原諒了，你要好好努力啊！」

針對不同的人，應該可以找到「如何善用人才」的方法才對。

以上是屬於個人層級的想法，此外還有更高層次的想法。思考為何會在這個地方失敗的原因，並藉此預防日後犯同樣的過錯。檢查一下「在其他的工作上，他人有沒有可能遭遇同樣的失敗」。如此一來，就有可能讓整個組織，做出更精密、完成度更高的工作，這種事也是可能的。

或者，將這次的失敗當成是一個轉機，藉機提升全體員工的士氣也不是不可能。

「因為這次的失敗，讓我們這個部門的顏面盡失。不過，我想這並不單單只是某一個人的責任，真正該負起責任的，應該是身為主管的我。希望各位能幫我討回顏面，在下半年度裡拼命一點，衝出比上半年更好的業績。」

說完了這樣的訓話之後，大家也許會接著說：「好吧！再多加把勁吧！」並且提出許多的改善方案，這樣整個組織也都會跟著動了起來吧！

總而言之，面對一次失敗時，不要僅僅將它看做是失敗，一定要把這次的失敗視做為成功的要素、成功的種子，而且成功的種子就潛藏在這次的失敗之中。如此一來，就可以從失敗中學到許多的教訓，進而紮實地踏出下一步。

一個不將失敗視做為失敗，並從失敗當中踏出邁向成功的人，不管是怎樣的瘟神、窮神，自然會離得遠遠的。

希望各位能夠認真想想這種光明回轉的秘法。

6・追求無限的發展

在本章的最後，想和大家談談「以無限發展為目標」來做一個總結。

在某一個組織裡面，在某一個事業上，都會有所謂的發展時期。在這個發展的時期裡，總會有「什麼事情都進展順利」的好時期。

不過，有趣的是，這個世界可以自然地維持著非常良好的平衡狀態。「某一種特定的工作，或是某一種特定的行業，永遠保持當紅的狀態，絕對不會超過幾十年。」常聽人說：「一間公司的興亡週期為三十年。」同樣的，在工作上，也是有所謂風水輪流轉的情況存在。

因此，處於正在發展時期的時候，必須要考慮以下幾個重點。

第一，所謂發展的時期，並不會永遠持續下去。所以，「在發展的時期剛好可以放手一搏，朝最大的發展而努力」。如果能夠「好好抓住這一個發展的機會，遇到可以發揮的時候，就趁機一展長才」的話，就更值得鼓勵了！這就是以無限發展為目標所需的首要條件。

第二，「在發展的期間，要致力於多方面的經營」。通常一間公司在發展時期中，都會有一個主力商品，或者是一個強大的收益來源。在這個時候，必須以此為基礎而致力於開發其他新的商品，努力撒下希望的種子，撒下五年後、十年後、甚至是二十年後，可以讓你歡喜豐收的種子。

換句話說，「在發展的時期裡，必須要針對未來做出確實的投資」。雖然當下或許看不出任何成果，還是要放眼未來才行。

至於以無限發展為目標的第三個重點是：「要建構出一個即使當下情勢瞬

間逆轉，卻依然可以生存下來的方法論。」

「當最大的危機出現時，自己的公司究竟可以撐過幾年呢？到底有什麼方法可以度過難關呢？」雖然處於發展時期的當下，大部分的公司並不太會考慮到這一個問題，不過這卻是一個相當重要的關鍵。

舉例來說，就算是一間生意興隆的外銷汽車公司，也可能因為國外接連提高對於進口車的限制，而面臨銷售通路狹窄的問題。

此時，公司應該會想辦法開拓新的市場，將目標放在新的國家上，或者是開始在當地生產，為了繼續生存下去而做出許多新的嘗試與努力。在此同時，又不得不未雨綢繆，「當將來汽車的需求量驟減的時代來臨時，又該如何生存下去呢」？

當公司的主力商品完全無用武之地時，又該如何繼續走下去呢？也就是說，「汽車並不是在一個特定的區域，例如美國或是英國賣不出去的問題」，重點在於「沒有人願意搭乘汽車，汽車這種商品本身根本就賣不出去的問題」。

在此同時，就必須要有一百八十度完全不同的思考模式才行。換句話說，單單對於未來進行投資這一個方向已經不夠，還要有和現在完全相反的思維邏輯才可以。必須要考慮到「有朝一日，當汽車已經不再被人們所需要的時候，接下來什麼東西才能抓住消費者的心呢？」

經過一番思考，大概可以發現，繼汽車之後出現的，應該是在空中飛的，或是在地面下、或是水面上可以高速運轉的東西。

當飛機日漸實用化，水上交通工具速度加快，或者是地面上、地面下的交通工具能以超高速行駛時，「汽車公司還會有生存空間嗎」？

最近超傳導技術發達，交通工具也很有可能朝「在空中漂浮移動」的領域前進。我相信，這個研究將來應該會有更進一步的發展才對。

在這個時候，不能只將目光放在只能行駛於地面上的汽車，而是要將重點放在能漂浮在空中的車才行。如果想要繼續在業界生存下去的話，汽車公司就不能單單致力於製造出更便宜、更省燃料的汽車。必須要比別人早一步將研究重點放在超傳導技術上，如此才能不被時代洪流給淹沒。

此外，未來也有可能開發出新的能源。所以，就不得不考慮「新商品要如何利用新能源運轉的問題」。未來以石油為燃料的汽車，應該會被時代給淘汰吧！（現在已經有燃料電池車）。

隨著時間的推移，現在發展的動力，有朝一日或許會完全派不上用場。大家必須要防患於未然，好好思考企業永續生存的經營之道才行。

以上就是我向各位報告的「以無限發展為目標」。

第七章 自我實現之極致

第七章　自我實現之極致

1．自我實現的定義

當今社會正流行著一股自我實現的風潮，也可以說，各式各樣自我實現的方法正在街頭巷尾氾濫。在這些許多自我實現的方法裡，有些部分是切合於宇宙理法的，但有些部分卻並非如此；在切合於人類心靈法則之理論存在的同時，也存在著其他不同的理論。

「到底什麼是自我實現？」我們是不是應該針對這個問題，稍微做一些更詳細的討論與探索呢？

在此，我想對於自我實現下一個定義，我認為自我實現應該包括以下三個要素。

第一：自我實現是人類想要獲得幸福的一種方法；

第二：自我實現是建立烏托邦社會的方法；

第三：自我實現是大宇宙進化之不可或缺的要素。

接下來，我想針對這三個要素做更進一步的說明。

第一，自我實現的出發點在於「增進自我幸福，同時也為了謀全體人類福祉而努力」。任何會導致不幸的自我實現方法，都不該是我們的研究對象。好比說沒有人會將破產看成是一種自我實現，也不可能會有人將病死看成是一種自我實現。自我實現不是這樣的東西，自我實現應該要以自我提升為前提才對。

不過，雖然各位都希望可以實現自己的理想，並且努力朝這個目標邁進，但是在實現的過程中只要一不小心，卻還是有可能往錯誤的方向走去。

正因為這樣，才需要第二個重點，也就是「為了建立烏托邦社會的自我實現」這樣一個觀點。如果在自我實現的過程中不包括這個觀點的話，就不能算是真正達到自我實現。

重要的是「在追求自身幸福的同時，也要對社會做出回饋，為社會全體的理想、社會全體的向上提升，貢獻心力。」正因為如此，我不斷的重述幸福科學的教義，並告訴各位：「將小我的幸福，轉化為大我的幸福。」

這意思並不是代表「捨棄自身的幸福，而謀求大眾幸福」，正確的說法應該是：「在謀求自身幸福的同時，也不要忘記大眾的幸福，也就是一種自利利他的生活方式。」

這是為什麼呢？因為以長遠的眼光來看「犧牲小我，完成大我」，有時無法讓靈魂有所成長。既然生而為人，就必須努力去提昇人格以及累積經驗。如果不能在有生之年經歷這一切，就失去出生為人的意義了。

那麼，以自我提升做為追求幸福的前提，到底是好還是不好呢？答案是肯定的！

只不過，在追求幸福的同時要留意，不能妨礙他人所追求的自我實現；換句話說，就是要對建立烏托邦社會做出貢獻。

第三個要素是要對宇宙理法、進化有貢獻。

所謂的自我實現，不能只在「對社會的貢獻」做結論，應該要從「地球是宇宙的一部分」這樣的一個角度來思考：「我們全體人類今後該如何做呢？應該創造出一個什麼樣的文明呢？我們現在的使命究竟在哪裡呢？」這也可以說是一種「宇宙的意志」、「佛的意志」，我們必須努力地把這種意志和自己的理想畫上等號才行。

各位請將此視做為自我實現的延伸，小我的幸福、大我的幸福之後，就是

「地球的幸福」或者是「宇宙的幸福」。如果各位是有宗教信仰的人，或許也可以說「佛陀所希冀的幸福」。

2．自我實現的方法

接下來想和各位論述自我實現的方法論。

其實自我實現有好幾種方法，在這裡我想歸納成三種來做說明。

第一種是「將自己的力量完全變成自我實現的資本」，換句話說，「以自身在知識上或者是行動上的認真努力，來達到自我實現」；這也可以說是一種刻苦勉勵型的自我實現。

譬如說，自己一個人在家裡埋頭苦讀準備聯考，這就是一種刻苦勉勵型的自我實現。如果是上班族的話，應該就是「依自己的認知去努力工作，提升工作效率」的類型；換句話說，這是一種「在自設的框架裡努力」的自我實現的方法。

第二種方法是「以更有效率、更有系統的方式努力」。

譬如說大學聯考，並不是只有一種在家裡孤軍奮鬥的方法而已，還有「請家教」、「上補習班」、「上函授課程」等，一些更有系統、更合理的方式。

而在職場上，如果有人「對電腦怎麼樣都沒輒」，不如就想辦法「找專家來幫忙」。雖然凡事最好可以「竭盡所能地去理解」，不過最終若發現「自己確實缺少某方面才能」的話，就別再硬撐下去，「趕緊找專業人士來幫自己一起開創天下」，或是向外尋求協助。

要時常有著尋求合理、有系統方法的觀念。當公司經營不善的時候，引進一些專門的諮詢規劃人才，或者是專門的企業經理人也都是方法之一。

像這樣用更合理的、更高層次的方法來解決問題，就是我所提出的第二種方法。

以企業本身的規模來說，若不考慮此種方法，而是完全取決於個人判斷的話，是很難有大發展的。

如果是個人企業或中小型企業，全憑上位者的決定或許還行得通，但是當公司已經有一定規模時，光靠老闆自己的經營手法的話，就會漸漸遇到瓶頸。此時需要參考專家的想法和意見，沒有經歷過此過程，就無法躍身為大企業。

自我實現的第三種方法是「集合眾人的力量」；也就是說，「召集志同道合的人，眾志成城，達到目標」。說得更明白一點，便是「當發現光靠自己一個人的力量不夠時，就要多尋求別人的幫助，借用別人的力量」。

如果說第二種方法是比較偏重「質」的方面、重視效率方面的話，那麼第三種方法就是比較重視「量」的方面，將想要實現此目標的人都聚集起來；也就是一種「借力使力」的方法。

好比說，在一個企業中，必定有在某些領域比較強，但在某些領域實力比較弱的部門，此時，為了企業的發展，針對較弱的部門，如果其他企業正好有這方面的知識，就要想辦法和對方合作，或者是聘請這方面的專業人才，以期日後能擴大公司規模；這就是所謂的「增加兵源，擴充戰力」的方法。

不單單只是「在工作上下工夫」，還要有「努力增加戰力、兵力，增加志同道合的夥伴，朝更大的方向發展」的想法。

以上所說的方法，都還是在世間「吸收人才」的範圍；如果由靈性世界觀之，甚至還有「借用許多指導靈的力量」之方法。

3．自我實現的步驟

要用什麼方法才能夠達到自我實現呢？接下來要和各位論述達成自我實現的步驟。

自我實現的步驟，主要是由以下四個要素所構成。

第一：以「意志」為出發點。首先，「想要實現」的意志是不可或缺的。換言之，或許還可以說是一種幹勁、一種衝動、一種「衝！」的意境。總而言之，「不管如何，就做吧！」的意志是重要的出發點。

第二個要素是「理想」，也可以說成是一種「對未來的展望」，必須有「想要達成何種目標」的理想才行。有了堅定的意志之後，接下來就是要有理想和展望，換句話說，也就是「自己要構築出怎樣的一幅理想藍圖呢」？

第三個要素是「手段、方法的研究」手段、方法的研究也是必須的，如前一節所述，「為了達成目標，是要全部靠自己的努力？還是要找尋出更合理、更有系統的方法，追求質的變化？還是要從量的方面著手，藉著提高戰力來達成呢？」不管是戰術也好，戰略也好，諸如此類方法、手段的研究都是必要的。

接下來第四個要素是「目標達成後，又該如何呢？」的這樣一個觀點。

換句話說，在追求自我實現的同時，也不要忘了開始設定下一個目標。仔細思索，一年後、三年後、五年後，當目標達成之時，下一步又該怎樣繼續走下去呢？在追求自我實現的同時，如果也能記得要「設定下一個目標」的話，才能幫助自己繼續追求更偉大的自我實現。

大部分的人說要追求自我實現，其實那不過是小小的自我實現。通常只不過是「想把房子變大些」、「生意上多賺一些錢」、「獎金可以多個一、二萬日幣」等等的小規模的自我實現。

不過，我們必須要描繪更大的藍圖，其實「描繪更大的藍圖」是一種可以吸引更多協助者的方法。

一個抱持著崇高理想的人，才有辦法匯集許多願意提供協助的人；一個只有小小理想的人，是尋求不到太多幫助的。眼看馬上就可以達成的理想，例如「年營業額提高一點二倍」這種程度的目標，是無法燃起人們熱情的。

營業額提升之後，接下來又要朝什麼方向努力呢？譬如，跨足到另一個新領域、興建大樓、或是以上的目標都達成之後，再下一步呢？如果不能有一些這樣的展望的話，就無法將人們的熱情給真正燃燒起來。（但要注意不可以有投機的想法。）

因此，在自我實現的第一階段中，就必須得考慮到第二階段該如何做。在自我實現的步驟當中，也一定要加入發展的概念，就像黑格爾所強調「正、反、合」的辯證法一樣，當某種自我實現完成之後，就必須隨即展開下一個自我實現。

總而言之，首先要有「放手一搏！」的意志，接下來要建構出明確的理想藍圖與視野，之後必須針對手段、方法加以檢討，最後則要釐清重點，清楚知道目標達成之後，下一步應該要怎麼繼續努力？

例如說：「在目標達成的同時，應該給予協助者怎樣的報酬呢？接下來又應該如何對待他們呢？」不能單單只給他們獎勵，除此之外，還要以這次達成的目標為一個基準，想一想他們下一步應該怎麼走？一定要有這樣的深謀遠慮才行。如果可以考慮到這一個層面的話，自我實現就不算是什麼太困難的問題。

雖然我已經強調了很多次，不過還是衷心地希望各位不要忘了，如果沒有遠大的理想作為後盾，就沒有辦法使人動起來；沒有辦法聚集人才，也就沒有辦法激發人們的熱情！

4．實現自我時的注意事項

接下來，我想針對自我實現時應該注意的事項來論述。

雖然在追求自我實現的過程之中，會讓人感到相當快樂，不過在此同時，卻也有著一種「太過沉迷於其中」的危險。如果太過於投入，便有可能看不見四周，就像置身於五里霧中，看不清楚周圍的情況。

如果只是因為全心投入而看不清楚的話，那還不要緊，最怕的就是因為全心投入，而看不見身旁的危險就糟糕了。

因此，我認為在追求自我實現的同時，還必須注意下列三點。

第一：「不要忘記初衷。」

在追求自我實現的過程之中，因為種種的因素、情報或者是新成員的加入，常常需要修正行進的軌道，這當然不是一件壞事，但在此時很有可能被發展沖昏了頭，而忘了初衷。

因此，即便在追求自我實現的途中遇到各式各樣的狀況，也希望各位不要忘記，時常將心情回歸原點，看看自己是否忘記了初衷？是否貫徹了原本的心意？

在達成自我實現的步驟中，最重要的就是「意志」。最初一開始「意志」的部分是最重要的，如何鞏固意志的部分是個不容小覷的課題。不可以輕易改變原本的意志，就算想要改變的話，也要有相當充分的理由。

在追求自我實現的途中，會有許多容易讓人變節的誘惑存在，此時，「貫徹初衷」是最好的選擇。如果萬不得已要改變原本的計畫的話，也一定要有相當具說服力的理由才行。

追求自我實現時應該注意的第二點是：「慎選協助者。」

在追求自我實現的同時，因為加入了「發展」這一個要素，所以會有事業規模越大越好，銷售數字越多越好的迷思存在。一味向外擴充的結果，在不知不覺當中，原本潛藏在內部的癌細胞便會趁機擴散開來；因此，在選擇協助者時不可不慎。

人是佛子，所以在本質上即包含著所有良善的因子，但只要是人都會有欲望存在。為了不讓欲望無限擴大，就必須要隨時提高警覺。

過程中必須特別留意的是：「對於懷有私欲而前來提供協助的人，必須要有警戒心。」否則，雖然是為了擴大公司規模，想要針對公司比較弱的部門進行補強，而借助其他公司的力量，但很有可能在不知不覺中被人取而代之。

正因為如此，希望各位一定要慎選協助者。

至於追求自我實現時應該注意的第三點是：「人類有著自負的傾向」，換句話說就是「不要得意忘形」。

人們容易因為一些小小的成就而志得意滿，只要聽到一些讓人心癢的花言巧語，就容易得意忘形，而忘了自己的本分。不過，當人因為一些小成就而感到志得意滿時，通常就是失敗的開始。

追求自我實現時最需要注意的一點，就是不要得意忘形，不要過於容易陶醉在一時的成就當中。

說起來容易，真正做起來恐怕就不是那麼簡單，究竟應該怎樣做才好呢？簡單的說，就是要有著以下的心理準備。

第一：「要常常保有謙虛的態度，常常練習使用謙虛的辭語。」為了預防自己太過於驕傲，要隨時保持謙虛的態度。

第二：「行動不要太過招搖。」

正所謂樹大招風，如果行事太過於張揚的話，反而會招來他人的反感，讓自己平白多了一些敵人，記得千萬不要「太過於引人側目」。雖然這一點和上述的謙虛多少有一些關聯，在此所要強調的是「在行動上不要太過招搖的同時，還要記得一步一腳印、謹慎踏實地向前邁進」。

還有一點要特別注意的是：「不要有著暴發戶的心態。」千萬不要只因為一點點的成功，就到處去向人炫燿。如果有這種心態的話，就不會有更大的成功。在平順前進的同時，也別忘了要穩住步伐。

第三：「不要忘了對於偉大真理的皈依之心。」換句話說就是不要忘記感謝佛神讓自己生於此世。

追求自我實現的人，通常都有著一定的實力。不過，有時卻因為太過容易相信自己的能力，而變得驕傲自大，這種人實在是相當危險。

所以，在追求自我實現的過程中，需持有感謝之心，要記得「隨時隨地常存感激之心」。

要對陪著自己一路走來的人、事、物常存感激之心。如果受到別人的幫助，當然要心存感激；對於家人、朋友、或是萍水相逢的人、甚至是完全不相干的人，也要心存感激之心。此外，只要一想到日常生活中無時無刻不受著許多動物、植物的幫助，又怎能不對這些動、植物表達感激之心呢？

我們要抱持著由衷的感謝，讓自己能生存於世的所有人、事、物的心態。

到此為止，雖然對各位述說了許多在追求自我實現時所應該注意的重點，不過，總結來說，可以歸納出兩個最關鍵的因素：「不要忘記保持謙虛的態度，也不要忘了感激之心。」只要能夠好好掌握住這兩個關鍵，不論在何處遇到什麼樣的危險，都有辦法化險為夷。

5・發展的自我實現

以上所談的都是屬於自我實現的一般論點，本節將針對「發展性的自我實現」這一個命題來論述。

發展性的自我實現之條件，集中在兩個重點上。第一個重點在於理想設定的部分，第二個重點則在於手段、方法的部分。

在第一個理想設定的部分，我常常推薦各位所謂的三階段法。追求理想實現的同時，要將理想分成三種，分別是「小規模的理想」、「中規模的理想」、「大規模的理想」三種。

有許多人心中只有大規模的理想，缺乏實際性，這樣的話其理想通常會漸漸消失。

然而，如果一個人一輩子只追求小規模的理想，恐怕就只能平平凡凡地過完一生。

在只追求小規模理想的人當中，應該有許多學有專精的人、專業技術人員、或者是藝術家。雖然他們在各自的領域裡有著一定的實力，不過卻老是無法闖出一片天來，這又是為什麼呢？因為他們所設定的目標和理想都太小了，忘了「胸懷大志」的重要。

所以，除了「大目標」、「小目標」之外，還需要訂出「中目標」。大目標並非是一蹴可及的，在追求小目標的過程中，要趁機好好磨練自己，進而確信自己的實力，接下來就可以開始朝中目標努力，最後再往大目標前進；我認為必須要有這種按部就班、腳踏實地的精神。

因此，要達到發展性的自我實現之首要重點，就在於一開始要設定兩、三個目標。

第二個重點就是使用的手段、方法。

在手段、方法上，如果老是侷限在同樣的窠臼之中，根本就談不上什麼組織或業務上的發展。在一開始的小目標，固有的方法論或許還派得上用場，不過繼續前進到中目標、大目標之後，就不得不努力追尋更高超的方法。

如果不在手段、方法上，常常追尋新的創意、探索新的策略的話，就無法達到發展性的自我實現。

好比說，自己一個人經過多年努力之後，事業總算上了軌道，但若始終不能跳脫原來的框架，事業的規模也就很難繼續擴大。

補習班的經營也是同樣的道理；就算自己的教學方式有多麼高竿，自己一個人的授課時數還是非常有限的。如果始終只打算一個人經營這間補習班的話，恐怕學生達到一個人數之後，就很難再繼續增加了吧！

在此時，即便和原來的打算不一樣，也要找一些幫手來，透過教育訓練，讓這些人的程度和自己逐漸接近，直到他們也可以獨當一面。就算身邊的人不盡如人意，也要想盡辦法去訓練他們。

如果不能這樣做，到頭來不只事業規模無法擴大，就連自己也會被弄得筋疲力盡、灰頭土臉。

由此可見，如果想要闖出一番大事業的話，終究要學會如何善用人才。除了要人盡其才之外，也別忘了要物盡其用。

不能老是執著於自己固有的想法與做法，為了將來的發展必須要適時的佈局。

總而言之，在手段、方法上，隨時要記得日益求精。雖然之前曾經強調不可輕易變節，不過卻不能忘記要有「日益求精」的態度，如此，才有辦法達到發展性的自我實現。

這種在手段方法上日益求精的態度，是一種可以讓自己在社會上佔有一席之地，日後有機會嶄露頭角的方法。

6・自我實現之極致

談過了發展性的自我實現之後，最後要和各位論述「自我實現之極致」。

當然，「自我實現之極致」的前提是「發展性的自我實現」。不單只是為了尋求個人的滿足，而是要抱持著遠大的理想，努力在社會上表現自我。

不過，如果只是停留在「表現自我、希望他人的認同」上的話，那就不能說已經達到自我實現的極致。

人類的生命在此世早晚會結束，靈魂離開了肉體之後，將會向無限的世界、永遠的世界前進。關於「靈界」的說法，有人相信，有人不相信，但我卻始終堅信靈界的存在。

在這個前提之下，又該如何來看待「自我實現」呢？

各位終究會從這個世間離開，除了自己終將面臨死亡之外，那些幫助自己的人也都會面臨到死亡。公司也好、土地也好，是不可能帶到靈界去。請各位仔細地想一想思考：「當自己到了要去靈界的時候，在此世究竟留下些什麼呢？」

離開人世後所能留下的東西，就只剩下自己的經驗和人格罷了！如果想要說成是「心」的話也無妨，因為走到了人生的盡頭之後，剩下就真的只是經驗和人格而已。

所以，所謂「自我實現之極致」即為：「在自己的經驗和人格上，究竟有辦法發出多少的光亮？」

換言之即是：「在追求發展性的自我實現的過程中，應該提升多少的人格？應該累積多少經驗到自己的智慧中呢？」

如果在追求自我實現時沒有同時提高人格、累積經驗的話，就還不能說此為終極的自我實現。

如果從這個觀點來思考，在此世的自我實現又會呈現出另一種不同的風貌。有句話說：「無欲是謂大欲。」自我實現所應該追求的，不就正是這一句話嗎？

所謂「無欲」，就是「人類在廣大無邊的宇宙意志中生存，然而人類在這浩瀚無際的宇宙中，就好像滄海一粟般的渺小，所以人必須要更謙虛處世。」而「無欲，又同時擁有大欲」即是「實現遠大理想」之意。

我認為「無欲是謂大欲」的觀點相當重要；達到「捨去自我，捨去此世的執著，成就一番大事業」的境界之後，不管在人格上、經驗上，才有辦法收到一番豐盛的成果。

為了達成自我實現的極致，不該只是探究經營上或是經濟上的問題，終究要回到探究心靈問題的層面上來努力。我們有必要去學習心靈的教義，有了這心靈上的補強，所謂的經濟發展、繁榮才有意義。

第八章

現代成功哲學

第八章　現代成功哲學

1．成功理論的新開展

到此為止，已經圍繞著成功方面談論了許多問題。在本書的最後一章裡面，我想和各位一起來再度思考一下所謂的成功理論。

首先，我想向各位論述「成功理論的新開展」。

我知道坊間出版了許多有關於成功理論的書籍，我也讀過許多這類的書。不過，因為我實在無法認同當中的部分理念與想法，於是便想自己出版這本關於成功哲學的新書。

那麼這些既成的成功理論中哪一點是無法讓我認同的呢？那即是：「這些理論不了解什麼是人類的本質？什麼是世界的本質？什麼又是成功的本質？」這一點讓我非常在意。

此外，「那些書中所寫的成功，究竟是什麼樣的成功呢？究竟是什麼程度的成功呢？」恐怕有很多人連這種問題都弄不清楚。在真正的人生成功者眼中，或者是佛陀的眼中看來，他們口中的成功，或許都不算是真正的成功吧！

我發現在一般世俗所謂的成功理論中有著很大的缺點，為什麼會這樣說呢？因為他們假借成功之名，把人們導向錯誤的深淵裡去。就好比說在宗教的世界裡頭，有所謂善的教義和惡的教義一樣；世俗的成功理論也有善、惡之分，把人心弄得惶惶不安。

在探討「成功理論的新開展」之前，必須先向各位說明一個基本的概念，那就是「不要陷入單純的結果主義」。

如果沒辦法看見成果的話，當然也就沒有辦法稱之為成功。不過，不要忘記「在獲得成果的過程之中，我們究竟做了多少的努力」？不要讓自己變成一個結果主義者。

歷史上許多偉大的人物之中，不乏一些以悲劇收場的人。這些人如果從一般世俗的成功理論看來，或許會被稱之為「失敗型」的人。不過，就算結局是悲慘的，如果從他們人生的過程看來，卻大多是非常的成功。

正因為這樣，不可以將成功理論解釋為結果主義，重要的是：「如何在邁向成功的過程中發光發亮。」在邁向成功的過程裡發光發亮，進而獲得最後的勝利，接著再把這榮耀轉化成更大的影響力，讓更多的人們可以因此而受惠的話，這是一件多麼了不起的事啊！

所以，我才會開門見山地提出這第一個重點：「不要陷入結果主義的迷思，必須重視其中的過程。」

接下來我所要提出的第二點是：「無論如何，不要忘記純樸的心。」不要因為一心想著追求成功，而扭曲了人類與生俱來的本性，不要成為靠著卑劣手段去追求成功的人。

靠著姑息手段、詐騙手法，或許可以取得短暫的成功。不過，利用這些方法而獲得成功的人，總有一天會付出代價的，可能是掉入別人設下的陷阱裡頭去，也有可能遭到朋友的背叛。此外，臉上也好、身體上也好，會跟著沾染上一種邪惡之氣，面相也會跟著產生不好的變化。

因此，我想說的是：「不可以為了追求成功，而扭曲了自己的人性。不可以利用姑息、詐欺的手法，來達到成功的目的。在追求成功的路上，一定要抬頭挺胸、堂堂正正。並且，如果因為正直地追求成功，而成功卻越離越遠的話，那就要告訴自己那是沒有辦法的事。」

與其只追求結果的成功，還不如在過程之中多下一點工夫。為了在過程中追求成功，必須要時時提醒著自己：「人生在世，一定要對得起自己的良心。」

如果某人在成功的時候，可以「保有純樸本心，又有著如同嬰孩般天真爛漫的心情」的話，我認為沒有任何事物可以超越這個成功了。

2．人性的開發

在探討成功哲學之時，有一個不能忘記的觀點，即是：「人性的開發」。

我認為必須要將成功理論的重點，放在人性開發的這個部分上，不可以被經營手腕或者是經濟繁榮模糊了焦點。要記住，人，才是經濟的主體，要努力讓人性的光輝發揮出來，期盼自己能夠成為擁有高貴靈魂的人。

為什麼我會這樣說呢？所謂的成功者，對社會有著相當程度的影響力，所以他的人性必須是卓越非凡的。

那麼，又要如何開發人性呢？

我在本書已經說過了許多工作的策略，不過，「在職場上的有能力，並不等同於成功的條件」。有能力只是成功的一個要素，雖是人性的一部分，卻不是人性的全部。

「有能力」表示著此人的辦事能力強，可以在時間內完成高度的工作。一個有能力的人，成功的機會非常高。

只不過，光有能力是不夠的。

那麼，如果只有能力，到底還欠缺什麼呢？我想針對這一點來論述。

我認為，如果只把焦點放在「有無能力」上的話，有可能會出現下列三個問題。

第一：「欠缺協調性」。

欠缺協調性即是「比較少考慮到大眾的幸福」。當自己拼命力爭上游的同時，容易產生一種錯覺，以為「只有將別人遠遠拋在身後，才能夠得到幸福」；這種缺少協調性的想法是行不通的。

所以，只是「有能力」的話，就有可能有欠缺協調性。

第二：「會讓此人的發展有限」。

現今，學習美式經營管理後，馬上任職於公司管理部門的人，似乎漸漸碰上了瓶頸。例如說，有一個人在哈佛大學唸過經營學之後，又繼續留下來攻讀MBA（企業管理碩士學位），畢業之後馬上成為某間公司的副理，並且立即運用在哈佛學習到的理論。像這種情形在美國屢見不鮮，並且被認為是成為頂尖人物的一條主流之路。不過，這種做法遲早會碰壁。

原因在於二十幾歲的年輕人，並沒有實務經驗，頂多只在大學裡學過一些個案理論而已。一旦進入社會之後，若只是照著所學過的理論運用在工作上，在人際關係上自然會產生許多摩擦，這恐怕是不言而喻的。

這些人在許多公司裡，以生硬的方式來實踐他們的理論，也不能說完全沒有成功的可能性。不過，他們卻忘了一個相當重要的觀點：「人們在一個企業裡面是正在建立一個社會、一個村莊。」

一間公司本來就是由人所組成的，也可以視為是一種生物體，如果只考慮到外側的部分，就會導致內側主體的部分，也就是人的滅亡。

因此，在聘用人才之時，若只是以有沒有能力作為基準的話，也就等於扼殺了此人將來有更大成就的可能性。

換言之，不單只是學習經營理論、成功理論，還要學習如何更加深入的去探討人心。

第三：「造就出自尊心非常強的人」。

雖然「自尊心強」的本身並不是件什麼壞事，不過，如果從靈魂的角度看來，卻潛藏著相當危險的一面。

如果要問：「為什麼世界上充滿著邪惡的氣息呢？為什麼世界變得渾濁了呢？」其原因就在於「人類的自尊心提高了」。

因為人們都維護著所謂的自尊心，自尊心高漲的結果，自然會引發許許多多的衝突，並且對他人造成傷害。

或許可以這樣說，因為自尊心的緣故，人類喪失了原本純樸的本心。自尊心這一種東西，就和車子的烤漆或建築物的招牌一樣，是用來「裝飾外表」的東西。

總而言之，如果只侷限於所謂的優秀性，那麼自然會出現一些缺陷或是漏洞。

既然如此，應該怎麼樣做才好呢？除了有能力之外，更盼望能夠有心胸開闊、能夠滋潤人心之人出現，就像沙漠中的綠洲一樣，能夠解決人們心靈上的飢渴。當這些人獲得經濟上的成功之後，才能算是符合了現代的成功哲學。

3．管理階層的器量

接下來，我想和各位論述在公司裡面，身為「管理階層」的應有作為。

在「管理階層」中，有著小自組長、課長，大至部長、董事、監事、總經理等等的職稱。在此不討論這些職稱，我想針對「作為管理階層的人應該要有哪些器量」這方面來做探討。

管理階層至少有著以下三個條件。

第一，「必須是可以做出高度判斷的人」；換句話說，必須是一個擁有高度判斷能力，並且可以做出結論的人，管理階層的人必須要站在這種立場上才行。

第二，「必須要訓育部下、指導部下，擔負起教育者的責任」。

第三：「管理階層必須明白，自己有著左右他人在經濟上幸與不幸的立場」；也就是說，在薪資上或是獎金方面，有著能夠增減他人幸福感的立場。

綜上所述，「工作上的判斷能力」、「教育能力」、「經濟的調整能力」是成為管理者的三個條件，同時，這也可以用來重新審視管理階層的器量。

首先，從高度的判斷能力這一點來看，身為管理者就必須要「有能力」，換句話說，必須是精通於工作的專家。

針對這一點來說，就算本書並沒有特別強調，也已經被充分實踐、運用在各個公司裡面；我想大部分的人都應該已經注意到這一點。

不過，此時必須要有一個很重要的本領才行，亦即「要有先見之明，有洞悉未來的能力」。就算當下可被稱為有能力的管理者，但如果把時間拉長，問到未來又將會如何發展的時候，恐怕又是另外一回事了。

有些人能在一定的時間，半年或者是一年中，拼出不錯的業績來，這些人認為「只要自己在位的時候，努力衝出業績即可」或是「在這兩三年的任期中，努力提高業績就好」；他們完全沒有考慮到繼任者的問題。

在公司裡頭確實是以業績為考核標準，如果自己在這個位子上，沒有好的業績的話，他人就不會有加薪或者是升職的機會；這種考核制度確實存在著相當大的問題。

也正因為如此，每當前任者離開，繼任者初來乍到之時，經常總會碰上許多嚴重的問題。這都是因為有些人認為：「在自己的任期結束之後，不管公司會陷入多麼不利的情況，都已經和自己無關。」、「先答應客戶將來會回報給他，只要現在的業績能提升就好。」、「只要這一年、兩年的利益提升就好，之後發生的事情先不討論」；因為前人是這樣做生意的，繼任者才會這麼辛苦。

如果抱著「只要在自己的任期裡面做出業績就好了」的這種想法工作，在不久的將來，不管是對公司或者是繼任者，都會造成相當大的困擾。

因此，希望各位在判斷或遂行業務時，即便是對於和自己業績沒有直接關係的事情，也要多積點德。

工作上的努力，只要有六、七成能反映在業績上就已經綽綽有餘了，至於剩下的三、四成，必須是為了公司將來的發展佈局，或者是為了接替自己職位的繼任者鋪路；必須將這個念頭時時刻刻放在心上。

審視管理者的器量，所應該注意的第二點就是：「身為教育者的資質。」這一點有時不太受到人們的重視。通常人們比較注意管理階層的工作能力，對於是否具備了「身為教育者的資質」，則較少受到注意。

有能力之人在努力衝刺業績的時候有一個通病，就是踩著別人往上爬；而身為教育者類型的人，往往會被擠到邊緣或是被推落。

如果今後的企業想要成為一個培養人才的場所，就必須要朝「管理者同時也是教育者」的方向去努力。

那麼，為了同時兼具管理者和教育者這兩種身分，又該具備哪些條件呢？當然，「有著足以教導後進的專業知識」是為前提。

另一個條件即是：「了解人心。」如果沒有辦法洞徹人心，就沒有辦法真切實在地教導他人，也沒有辦法讓他人的特長發揮得淋漓盡致，所以不能光有專門知識，更重要的還需要「了解人心」。

因此，將來打算成為管理階層的人，事先必須要學習許多有關於人心的知識，並且拓展自己的人生經驗。

這所謂教育者的能力，今後勢必會因應時代之需求而大放異彩。

審視管理者的器量，所應該注意的第三點即是：「管理者有著成績考核的權力，因此對於部下的薪資、獎金等待遇問題，握有相當決定性的關鍵。」雖然管理者對於部下的加薪、升職或紅利獎金方面給予認定考核，也可算是自身工作的一部分，不過不可諱言的，管理者的一念之間，往往決定著「部下的經濟生活是否充裕」。

管理者必須要知道：自己是站在決定他人的經濟「幸運或者是不幸」的立場。

因此，在下評斷的時候，就不得不考慮所謂公平性的問題，說得更明白一些，管理者必須要端正威儀，就像在請示佛意一般，以公平的態度對待每一個人，做出公正的判斷。不可以只憑個人的好惡來品評人才，也不可以對於某些人特別偏愛。

想要培養出這種能夠公平下判斷的能力，光靠學校教育或社會教育是不夠的。

那應該怎麼做呢？首先必須要先有一顆正直的心。要怎樣才能讓心正直呢？那即是：「要學習更崇高的、精神上的事物」，也就是說：「要端正威儀，並謙虛地皈依於偉大之物。」

如果自己是處於可以左右他人幸或不幸的立場，就必須要以做一份神聖工作的心情來執行職務。

最後一點：不要流於個人主觀的判斷，對一個管理階層的人來說是非常的重要。

4．經營者的必備條件

上一節主要談論的是公司型企業管理者的器量，雖然可以將經營者歸類為管理者，不過本節將針對「自創事業型」的經營者為對象，提出其必備的條件。

我認為經營者必須具備以下三項條件。

第一：「要有很好的平衡感。」

這裡所提出的平衡感包含著兩層意義；第一層意義是屬於金錢方面的平衡

感，在「收入和支出」方面保持良好的平衡感；第二層意義是屬於僱用人才方面的平衡感，也就是說「適才適所」的意思。

如果一個人被派置在一個適合自己的工作環境之下，將可以把自己的能力發揮到淋漓盡致；相反的，如果是被派置到一個不適合自己的工作環境裡頭去的話，其實力恐怕將完全無法發揮出來。

所以必須要注意到「人員要如何配置，才有辦法提升全體的機能」。這一點與對公司的收入和支出的管理能力，似乎有相似之處。

經營者的必備條件之二：「要有放眼未來的志向」，也就是說要經常將眼光放遠。

要經常將眼光放在一年後、五年後、甚至是十年後的將來，除了自己所經營的事業，還必須要考慮到事業以外的大環境。環境會如何變化？在這些變動之中，自己又應該如何應對？要時時注意自己在未來的定位。

身為一個經營者，必須要有著超越過去、現在以及未來的視野。

所謂過去的眼光，亦即一年以前或者是創業時期的眼光，用這種眼光來重新審視自己現在的立場以及事業的內容。

並且，站在未來的立場，看看自己的事業將會走向什麼方向？在此時，又需要一些什麼樣的人才？需要多少資金？需要多少空間？

為了要有超越過去、現在以及未來的視野，我認為必須要先有「拋開自我」的行為和能力。

只用固有的觀念的話，是絕對沒有辦法的。但如果有辦法拋開自我，從遙遠的天際或者是從第三者的角度來看的話，才有辦法具備超越過去、現在、未來的視野。

不可以沉醉於主觀的情感之中，應該以客觀的態度來審視自己及自身周圍的人、事、物。

經營者必備的第三個條件即是：「要經常期許自己對這個世界能做出貢獻。」

不可否認，如果只追求自己公司的利益，或是只追求自己一個人的利益，也可以說是達到成功；不過若以長遠地眼光來看的話，這一種生活態度的人，遲早有一天會被人生旅途上的小石子給絆倒的。

所以我們不應該有這樣的想法，應該仔細想想：「自己可以對於社會做出一些什麼樣的回饋呢？」不要忘記自己是因為先有了他人的回饋，才能成為經營者的。

如果把經營者的第二個必備條件比喻為「時間的角度」，那麼第三個必備的條件就可以比喻為「空間的角度」。以「在業界裡的自己」或是「在社會、國家裡頭的自己」的這種空間的角度來檢視自己，是一件相當重要的事情。

5．愛的還原

上一節曾提到經營者第三個必備的條件是：「必須要從空間的角度來檢視自己。」

這也就是說：「已在社會上佔有一席之地的自己，可以為社會做出一些什麼貢獻呢？」說的更明白一點，也就是「愛的還原」，亦即「要如何才能夠把自己從別人身上所得到的愛歸還回去呢」？

之前曾經向各位提過「要時時心存感激」這個觀念，這是因為想要在此世經營事業，成為一個經營管理者，光靠自己一個人的力量是無法成就的。

自己能站上這個位子，必定是得到了許多人的協助。如果被部下討厭、被上司嫌棄、被同事厭惡，當所有的人都對你沒有好感的話，你就不可能成為一個管理者或是經營者，如果少了他們的協助，事業也不可能成功。

「一路走來仰賴了許多人的力量，才有辦法成就現在的自己。」請各位好好地思考這一番話。

所以在得到了這麼多的愛之後，能再把這些愛歸還給他們也是理所當然的。

「當自己的地位、職位越高的時候，就應該把更多的愛還給這個世界。」如果心中可以長存此念的話，才有機會成為一位真正的成功者。

6．做到「存在之愛」

和各位談了「愛的還原的重要性」；若要換一個方式來說的話，即是：「發展自身內部的愛」。

我曾經在《太陽之法》（編注：華滋出版）中提到：「愛有所謂的發展階段。」並且更進一步說明了愛之發展階段主要包括了「愛慕之愛」、「勉勵之愛」、「寬容之愛」、「存在之愛」這四個階段。這四個愛的階段，是衡量人類成長的度量衡。

首先，相對於「本能之愛」，「愛慕之愛」是屬於更高層次的一種愛。「本能之愛」是屬於一種「奪取之愛」，但「愛慕之愛」卻是一種「施愛」。一旦心中燃起了這種「施愛之心」，就是一種心境進化的開始。

接下來，這種施愛之心高度發展之後，就成了「勉勵之愛」。讓更多的人們發光發亮、讓組織發光發亮、讓社會發光發亮，這是一種指導者的愛。

指導者的愛又可以轉變為「寬容之愛」；這是屬於更高層次的宗教境界。

指導者的愛其對象是指接受自己指導的人；然而「寬容之愛」卻是一種「一視同仁之愛」，一種沒有區別的愛，抱著「不分彼此，大家本是同根生，大家都是夥伴」的心情來待人接物。「在此世有善有惡，但不要忽略了有種超越善惡的存在。」如果可以用這種角度來看待世人的話，即是達到了「寬容之愛」的境界。

至於更高一層的階段，則是「存在之愛」。

這究竟是什麼意思呢？這是一種時代精神之愛，此人存在於這一個時代即為愛。不是此人施了多少愛，而是此人的存在就是一種愛，此人的存在就象徵了愛。

這種「存在之愛」，如果從狹義的方面解釋，每個人都做得到。在小型社會、小家庭裡，每個人都可以做到存在之愛。

「有此人的存在真好！」、「能和此人相遇真棒！」、「能與此人一起生活真高興！」、「能與此人一起工作真愉快！」諸如此類，狹義來說都可以稱之為「存在之愛」。

我誠摯地希望各位都能夠做到如此姿態的「存在之愛」。

我論述了許多成功理論，但是現代成功哲學終究還是必須伴隨著愛的進化。現代成功哲學的極致就在「愛的發展階段」當中，也就是存在之愛。如果沒有辦法努力走到這一階段的話，就不能稱做是真正的成功。

因此「心中要有著滿滿地愛、崇高的愛，才有辦法成功」，這就是我所說的成功方法論。

人生在世就算擁有多麼顯赫的名聲、多麼崇高的地位，如果沒有愛的話，一切都是枉然。曾經有人說過這麼一句名言：「心中無愛之人就不懂神。」而我想說的是：「心中無愛的成功者，就不能算是一個真正的成功者。」為了成為一個真正的成功者，要努力不懈地讓自己的愛，能夠到達所謂的存在之愛。

最終，我就想藉此來為本書所稱之「成功」下一定義，即「現代成功哲學的極致，就在於愛的發展、存在之愛當中」。

後記

試問有哪本書能像本書一樣充滿光芒？有哪本書能像本書一樣滿載勇氣和希望？又有哪本書能像本書一樣，為遭受失敗、挫折、不安和自卑之人帶來無限的鼓勵呢？

對於現今社會的重考生、失戀者、失業者、重病者、家庭破裂者、人際關係失敗者以及為老年生活擔憂者來說，本書無疑是引導之光。

請相信本書吧！本書必能助你實現夢想。在痛苦、悲傷的時候，請將本書視為燈塔之光。請務必相信這本奇蹟之書！

在家人病倒時，或自己住院時，希望各位一點一點地閱讀本書，並將其內容視為各位的生命之糧、勇氣之泉。讀過本書後，各位的病情勢必好轉，家庭也將恢復喜悅和光明。

幸福科學總裁
大川隆法

What' s Being 021

成功之法——如何成為真正的菁英

作　　者：大川隆法
翻　　譯：幸福科學經典翻譯小組
總 編 輯：許汝紘
副總編輯：楊文玄
美術編輯：楊詠棠
行銷經理：吳京霖
發　　行：楊伯江、許麗雪
出　　版：信實文化行銷有限公司
地　　址：台北市大安區忠孝東路四段 341 號 11 樓之三
電　　話：（02）2740-3939　傳　　真：（02）2777-1413
www.wretch.cc/ blog/ cultuspeak
http://www. cultuspeak.com.tw
E-Mail：cultuspeak@cultuspeak.com.tw
劃撥帳號：50040687 信實文化行銷有限公司

印刷：久裕印刷事業有限公司
地址：新北市五股工業區五權路69號
電話：（02）2299-2060～3

總 經 銷：聯合發行股份有限公司
地址：新北市新店區寶橋路 235 巷 6 弄 6 號 2 樓
電話：（02）2917-8022

2012 年 5 月 初版
定價：新台幣 300 元

若想進一步了解本書作者大川隆法其他著作、法話等，請與「幸福科學」聯絡。
社團法人中華幸福科學協會　地址：台北市松山區敦化北路 155 巷 89 號
電話：02-2719-9377　電郵：taiwan@happy-science.org　網址：www.happyscience-tw.org
HAPPY SCIENCE HONG KONG LIMITED　地址：香港銅鑼灣耀華街 25 號丹納中心 3 樓A室
電話：（852）2891-1963　電郵：hongkong@happy-science.org　網址：www.happyscience-hk.org

國家圖書館出版品預行編目（CIP）資料

成功之法：如何成為真正的菁英 / 大川隆法作
初版——臺北市：信實文化行銷，2012.04
面；　公分——（What's being；21）

ISBN 978-986-6620-53-9（精裝）

1.職場成功法

494.35　　　　101006398